AF629271

BERICHTE ÜBER DIE VERHANDLUNGEN DER SÄCHSISCHEN AKADEMIE DER WISSENSCHAFTEN ZU LEIPZIG

Mathematisch-naturwissenschaftliche Klasse

Band 100 · Heft 6

ROLF REISSIG

DIE PANDIAGONALEN QUADRATE VIERTER ORDNUNG

1952

AKADEMIE-VERLAG · BERLIN

BERICHTE ÜBER DIE VERHANDLUNGEN DER SÄCHSISCHEN AKADEMIE DER WISSENSCHAFTEN ZU LEIPZIG

Mathematisch-naturwissenschaftliche Klasse

Band 100 · Heft 6

ROLF REISSIG

DIE PANDIAGONALEN QUADRATE VIERTER ORDNUNG

1952

AKADEMIE-VERLAG · BERLIN

Vorgelegt durch Herrn HÖLDER in der Sitzung vom 19. April 1952
Manuskript eingeliefert am 19. April 1952
Druckfertig erklärt am 3. Oktober 1952

Erschienen im Akademie-Verlag GmbH., Berlin NW 7, Schiffbauerdamm 19
Veröffentlicht unter der Lizenznummer 1217
des Amtes für Literatur und Verlagswesen der Deutschen Demokratischen Republik
Satz und Druck der Buchdruckerei F. Mitzlaff, Rudolstadt/Thür. (535) V/14/7
Bestell- und Verlagsnummer 2027/100/6
Preis: DM 5,—
Printed in Germany

Inhaltsverzeichnis

Einleitung

Die vorliegende Arbeit knüpft an die Abhandlung von Herrn Prof. Dr. W. Schnee:

Über magische Quadrate und lineare Gitterpunktprobleme[1]

an.

Teil I befaßt sich mit Problemen, die nicht nur für die pandiagonalen Quadrate von Bedeutung sind.

Unter einem *semimagischen Quadrat n-ter Ordnung* verstehe ich eine $n \cdot n$-reihige Matrix, deren Elemente folgende Eigenschaften haben:

1. Sie sind untereinander verschiedene ganze Zahlen mit dem kleinsten Wert 1.
2. Ihre Zeilen- und Spaltensummen haben den gleichen Wert s.

In dem *zur Permutationengruppe P gehörigen* semimagischen Quadrat bestehen zwischen den n^2 Elementen außerdem die k Gleichungen:

$$\sum_{\nu=1}^{n} a_{\nu, i_\nu} = s,$$

wobei $P = \sum\limits_{(k)} \begin{pmatrix} 1, & 2, & \ldots, & n \\ i_1, & i_2, & \ldots, & i_n \end{pmatrix}$ eine Permutationengruppe n-ten Grades und k-ter Ordnung ist. Ein solches Quadrat ist das *pandiagonale*, in dem außer den Zeilen- und Spaltensummen

[1] Berichte über die Verhandlungen der Sächsischen Akademie der Wissenschaften zu Leipzig, Mathematisch-naturwissenschaftliche Klasse, Bd. 98, Heft 1, Akademie-Verlag Berlin 1951.

auch die $2n$ Diagonalensummen den Wert s haben. Seine Permutationengruppe ist

$$P = P_n = \sum_{r=0}^{n-1} (1, 2, \ldots, n)^r + \sum_{r=0}^{n-1} (1, 2, \ldots, n)^r \cdot \varrho,$$

wo $\varrho = \begin{pmatrix} 1, & 2 & , \ldots, & n \\ n, & n-1, & \ldots, & 1 \end{pmatrix}$ ist.

Die $4n$ linearen Gleichungen, denen die Elemente der pandiagonalen Matrix genügen, haben im Falle $\underline{n \equiv 0(2)}$ den Rang $\underline{R = 4n - 4}$ und im Falle $\underline{n \equiv 1(2)}$ den Rang $\underline{R = 4n - 3}$. Im ersten Fall existieren $\underline{(n-2)^2}$ und im zweiten $\underline{(n-2)^2 - 1}$ unabhängige Variablen.

Daraus folgt: Ist $n = 3$, so sind die Werte der Elemente eindeutig bestimmt, d.h., sie sind alle gleich $\frac{s}{3}$; ist $n = 4$, so können 4 Elementen beliebige Werte beigelegt werden.

Das Zählen der zu einer festen Reihensumme s gehörigen pandiagonalen Quadrate wird erleichtert, wenn man den Begriff der *elementaren Umformung* einführt.

Unterwirft man die Zeilen und Spalten einer pandiagonalen Matrix den Permutationen einer gewissen Gruppe Π_n, so entstehen wieder pandiagonale Matrizen. Die Gruppe Π_n ist folgendermaßen definiert:

$$\Pi_n = \sum p, \text{ wo } p^{-1} \cdot P_n \cdot p = P_n \text{ ist.}$$

Sie hat die Ordnung $n \cdot \varphi(n)$.

Auch wenn man auf die Zeilen die Permutation $p \subset \Pi_n$ und auf die Spalten die Permutation $p \cdot \pi$ $(\pi \subset P_n)$ ausübt oder wenn man die Zeilen mit den Spalten vertauscht, erhält man aus dem gegebenen pandiagonalen Quadrat ein weiteres. Insgesamt kann man die Elemente auf $\underline{(2n)^2 \cdot \varphi(n)}$ verschiedene Weisen umordnen, ohne daß die Eigenschaften des pandiagonalen Quadrates dabei verlorengehen. Diese Umformungen bezeichne ich als *elementare Umformungen*. Sie bilden eine Gruppe. Die Quadrate, die durch elementare Umformungen auseinander hervorgehen, ergeben eine *Klasse*. Man zählt nicht die Quadrate, sondern die Klassen bzw. geeignet ausgewählte *Klassenrepräsentanten*.

In *Teil II* wird die Anzahl der *4-reihigen pandiagonalen Quadrate* berechnet. Bei diesen haben je zwei Elemente, die in der gleichen Diagonale auf nicht benachbarten Plätzen stehen, die Summe $\frac{s}{2}$. Deshalb muß s eine *gerade Zahl* sein.

Außer den elementaren Umformungen kann man hier noch andere Umgruppierungen der Elemente vornehmen, und zwar solche, bei denen nicht jede Zeile oder Spalte als Ganzes erhalten bleibt. Daher lassen sich je drei Klassen in eindeutiger Weise zu einer Menge vereinigen, die durch ein *Normalquadrat* vertreten wird. In diesem ist:

1. $a_{ik} \neq a_{jl}$ für $(i, k) \neq (j, l)$,
2. $a_{11} = 1$,
3. $a_{12} < a_{21} < a_{41} < a_{14}$.

Stellt man alle Elemente des Normalquadrates als Funktionen der drei Elemente a_{14}, a_{41} und a_{21} dar, so sind diese den Bedingungen unterworfen:

$$\left.\begin{array}{r}
\frac{3}{8}s + 1 \leqq a_{14} \leqq \frac{s}{2} - 2 \quad (\text{daraus folgt: } s \geqq 24) \\
\frac{s}{2} - \frac{1}{3}(a_{14} - 1) \leqq a_{41} \leqq a_{14} - 1 \\
\frac{3}{4}s - \frac{1}{2}(a_{14} + a_{41} + 1) \leqq a_{21} \leqq a_{41} - 1
\end{array}\right\} (+)$$

$$\left.\begin{array}{l}
2(a_{41} + a_{21}) + a_{14} \neq 2s - 3 \\
2(a_{14} + a_{41}) + a_{21} \neq 2s - 3 \\
2(a_{21} + a_{14}) + a_{41} \neq 2s - 3 \\
a_{14} + a_{41} - a_{21} \neq \frac{s}{2} - 1 \\
2(a_{14} + a_{41} + a_{21}) \neq \frac{5}{2}s - 4 \\
2(a_{41} + a_{21}) \neq \frac{3}{2}s - 2
\end{array}\right\} (++)$$

Jedem Normalquadrat $N(s)$ ist ein Zahlentripel (a_{14}, a_{41}, a_{21}), das die Ungleichungen (+) und (++) erfüllt, umkehrbar eindeutig zugeordnet.

Da in einer Klasse $(2n)^2 \cdot \varphi(n)_{/n=4} = 128$ 4-reihige pandiagonale Matrizen enthalten sind, ist deren Gesamtzahl 384-mal so groß wie die Zahl $f(s)$ aller Normalquadrate.

Die Bestimmung von $f(s)$ führe ich auf die Lösung eines *Gitterpunktproblems* zurück.

Ich setze

$$\begin{aligned} a_{14} &= t + 10 - x \\ a_{41} &= t + 9 - x - y \\ a_{21} &= t + 8 - x - y - z, \end{aligned}$$

$$\text{wo } t = \frac{s}{2} - 12 \text{ ist.}$$

Dann drücke ich die Ungleichungen (+) und (++) durch x, y, z aus. Es gilt der Satz:

Den drei Zahlen

$$a_{14} = t + 10 - x, \quad a_{41} = t + 9 - x - y, \quad a_{21} = t + 8 - x - y - z$$

entspricht dann und nur dann ein Normalquadrat, wenn die Zahlen x, y, z in den Intervallen

$$0 \leqq x \leqq \frac{t}{4} \quad (t \geqq 0)$$

$$0 \leqq y \leqq \frac{1}{3}(t - 4x)$$

$$0 \leqq z \leqq \frac{1}{2}(t - 4x - 3y)$$

liegen und keiner der folgenden sechs Gleichungen gehorchen:

$$\left.\begin{array}{rl} \text{I.} & 5x + 4y + 2z = t - 1 \\ \text{II.} & 5x + 3y + 2z = t \\ \text{III.} & 5x + 3y + z = t + 1 \\ \text{IV.} & x - z = 0 \\ \text{V.} & 6x + 4y + 2z = t - 2 \\ \text{VI.} & 4y + 4y + 2z = t \end{array}\right\} (+++)$$

Er kann auch so ausgesprochen werden:

Einem Raumpunkt (x, y, z), dessen Koordinaten ganze Zahlen sind, ist dann und nur dann ein Normalquadrat $N(s)$ zugeordnet, wenn er im Innern oder auf der Begrenzung des *Tetraeders* mit den Eckpunkten $(0, 0, 0)$, $\left(\frac{t}{4}, 0, 0\right)$, $\left(0, \frac{t}{3}, 0\right)$, $\left(0, 0, \frac{t}{2}\right)$ liegt, aber keiner der sechs *kritischen Ebenen* angehört, die durch die Gleichungen $(+++)$ gegeben sind.

Diese Ebenen schneiden sich paarweise in $\binom{6}{2} = 15$ Geraden und zu je dreien in $\binom{6}{3} = 20$ Punkten. Sechs Schnittgeraden laufen durch das Tetraeder: $g_{14}, g_{24}, g_{26}, g_{36}, g_{45}, g_{46}$, aber nur ein Schnittpunkt liegt im Tetraeder: P_{246}.

Ist l die Zahl der im Innern oder auf den Grenzflächen des Tetraeders liegenden Gitterpunkte,

m_i die Zahl der Tetraedergitterpunkte, die auf der kritischen Ebene E_i liegen,

m_{ij} die Zahl der Tetraedergitterpunkte, die der kritischen Geraden g_{ij} angehören,

ist ferner m_{246} gleich 1 oder 0, je nachdem ob der Punkt P_{246} Gitterpunkt ist oder nicht,
so ist

$$f(s) = l - \sum_{i=1}^{6} m_i + \sum_{(i,j)} m_{ij} - m_{246}.$$

Werden die Größen l, m_i, m_{ij}, m_{246} als Funktionen von t bestimmt, so ergibt sich:

Wenn der Parameter t den Kongruenzen

$$t \equiv 4h + 2g + f \quad (8) \qquad (f, g, h = 0, 1)$$
$$t \equiv f_1 \quad (3) \qquad (-1 \leqq f_1 \leqq +1)$$
$$t \equiv f_2 \quad (5) \qquad (-2 \leqq f_2 \leqq +2)$$
$$t \equiv f_3 \quad (7) \qquad (-3 \leqq f_3 \leqq +3)$$

genügt, ist $f(s) =$

$$\boxed{\begin{aligned}&\frac{t^3}{144}+\frac{5f-1}{96}t^2+\frac{1}{48}(5f-14+12g(1-f)-4f_1(1-f_1))t\\&\quad-\frac{1}{8}(14f+3g-fg)-\frac{3}{2}(1-f)gh\\&\quad+\frac{1}{9}f_1(8-9f_1)-\frac{11}{12}ff_1(1-f_1)+\frac{1}{2}f_2^2(5-f_2^2)\\&\quad+\frac{1}{4}f(1-f_2^2)(4-f_2^2)+\frac{1}{720}f_3(1-f_3^2)(4-f_3^2)(3-f_3)\end{aligned}}$$

Die Anfangswerte der Funktion $f(s)$, die die Zahl der Normalquadrate $N(s)$ angibt, sind

$$f(s)=0 \text{ für } s=24,\ldots,32, =1 \text{ für } s=34,36, =3 \text{ für } s=38, \\ =2 \text{ für } s=40, =7 \text{ für } s=42,\ldots$$

In meiner Arbeit verwende ich folgendes aus der Abhandlung von Herrn Prof. Schnee:

1. Die Erweiterung des Begriffes „semimagisches Quadrat" durch Einführung beliebiger ganzzahliger Reihensummen $\leqq \frac{n}{2}(n^2+1)$,
2. die dort für die 3-reihigen Quadrate verwendete Methode, mit Hilfe der elementaren Umformungen Klassen von Quadraten aufzustellen,
3. die Methode, das Problem der Anzahlbestimmung in ein lineares Gitterpunktproblem überzuführen,
4. eine Reihe von Bezeichnungen.

Teil I

Allgemeine Betrachtungen

1. Definition der semimagischen Quadrate n-ter Ordnung, die zur Permutationengruppe P gehören

Eine n-reihige quadratische Matrix bezeichne ich als *semimagisches Quadrat n-ter Ordnung*, wenn ihre Elemente voneinander verschiedene ganze Zahlen mit dem kleinsten Wert 1 sind, deren Zeilen- und Spaltensummen den gleichen Wert s haben.

Die Elemente a_{ik} des semimagischen Quadrates n-ter Ordnung genügen also den $2n$ linearen Gleichungen:

$$s_k = \sum_{i=1}^{n} a_{ik} = s\ (k = 1, \ldots, n),\ z_i = \sum_{k=1}^{n} a_{ik} = s\ (i = 1, \ldots, n).$$

Man sieht sofort, daß s eine ganze Zahl $\geqq \frac{1}{n}(1+2+3+\ldots+n^2)$ $= \frac{1}{n} \cdot \frac{1}{2} \cdot n^2 \cdot (n^2+1) = \frac{n}{2} \cdot (n^2+1)$ ist.

Gelten außerdem die k Gleichungen:

$$\sum_{\nu=1}^{n} a_{\nu, i_\nu} = s, \quad \text{wo } P = \sum_{(k)} \begin{pmatrix} 1, & 2, & \ldots, & n \\ i_1, & i_2, & \ldots, & i_n \end{pmatrix}$$

eine Gruppe n-zifferiger Permutationen von der Ordnung k ist, so nenne ich das Quadrat *zur Permutationengruppe P gehörig*.

2. Definition der pandiagonalen Quadrate n-ter Ordnung

Diejenigen semimagischen Quadrate n-ter Ordnung, bei denen die $2n$ Diagonalensummen ebenfalls den Wert s haben, heißen *pandiagonale Quadrate n-ter Ordnung*. Sie gehören zur Gruppe

$$P = P_n = \sum_{r=0}^{n-1} (1, 2, \ldots, n)^r + \sum_{r=0}^{n-1} (1, 2, \ldots, n)^r \cdot \varrho,$$

wo $\varrho = \begin{pmatrix} 1, & 2 & , \ldots, & n \\ n, & n-1, & \ldots, & 1 \end{pmatrix}$ ist.

Die Elemente der $(r+1)$-ten von links oben nach rechts unten laufenden Diagonale sind

$$a_{1,r+1},\ a_{2,r+2},\ \ldots,\ a_{n,r+n}$$

(Ihre Summe bezeichne ich mit d_{r+1}.)

Die zugehörige Permutation ist

$$\begin{pmatrix} 1 & , 2 & , \ldots, n \\ 1+r, & 2+r, & \ldots, n+r \end{pmatrix} = (1, 2, \ldots, n)^r.$$

(Jede Ziffer, die größer als n ist, muß durch die ihr modulo n kongruente aus dem Intervall $1, \ldots, n$ ersetzt werden. Das gilt auch für die späteren Untersuchungen.)

Die Elemente der $(r+1)$-ten von rechts oben nach links unten laufenden Diagonale sind

$$a_{1,n-r},\ a_{2,n-1-r},\ \ldots,\ a_{n,1-r}.$$

(Ihre Summe nenne ich d'_{r+1}.)

Die zugehörige Permutation ist

$$\begin{pmatrix} 1 & , 2 & , \ldots, n \\ n+1-(1+r), & n+1-(2+r), & \ldots, n+1-(n+r) \end{pmatrix} = (1, 2, \ldots, n)^r \cdot \varrho.$$

Ich muß beweisen, daß der Permutationenkomplex P_n eine Gruppe ist.

Eigenschaften der Permutation ϱ

a) $\underline{\varrho^2 = 1}$:

$$i \cdot \varrho = n+1-i,\ (n+1-i) \cdot \varrho = n+1-(n+1-i) = i$$

b) $\underline{\varrho \cdot (1, 2, \ldots, n)^r = (1, 2, \ldots, n)^{n-r} \cdot \varrho}$:

$$i \cdot \varrho = n+1-i,\ (n+1-i) \cdot (1, \ldots, n)^r = \begin{cases} n+1-i+r & \text{für } i > r \\ 1-i+r & \text{für } i \leqq r \end{cases}$$

$$i \cdot (1, \ldots, n)^{n-r} = \begin{cases} i+n-r & \text{für } i \leqq r, \\ i-r & \text{für } i > r, \end{cases}$$

$$\begin{cases} (i+n-r) \cdot \varrho = n+1-(i+n-r) = 1-i+r \\ (i-r) \cdot \varrho = n+1-(i-r) = n+1-i+r \end{cases}$$

$$(1, \ldots, n)^r \cdot (1, \ldots, n)^s = (1, \ldots, n)^{r+s}$$
$$[(1, \ldots, n)^r \cdot \varrho] \cdot (1, \ldots, n)^s = (1, \ldots, n)^{r-s} \cdot \varrho$$
$$(1, \ldots, n)^r \cdot [(1, \ldots, n)^s \cdot \varrho] = (1, \ldots, n)^{r+s} \cdot \varrho$$
$$[(1, \ldots, n)^r \cdot \varrho] \cdot [(1, \ldots, n)^s \cdot \varrho] = (1, \ldots, n)^{r-s}$$

Der Komplex P_n ist eine Gruppe, da das Produkt von irgend zwei Permutationen aus P_n wieder in P_n liegt.

3. Der Rang der 4n linearen Gleichungen, denen die Elemente des n-reihigen pandiagonalen Quadrates genügen

Das System der $4n$ linearen Gleichungen

$$s_k = s, \qquad z_i = s, \qquad d_r = s, \qquad d'_r = s$$

ist lösbar. Eine Lösung ist z.B. $a_{ik} = \frac{s}{n}$ für alle Wertepaare i, k. Ich bestimme jetzt seinen Rang R. Dabei verwende ich die beiden Sätze:

a) Ein System von Linearformen hat dann und nur dann den Rang R, wenn R Formen linear unabhängig sind und jede andere aus ihnen durch Linearkombination gebildet werden kann.

b) Die R Linearformen $L_1, \ldots, L_R$ sind dann und nur dann linear unabhängig, wenn aus der Gleichung

$$\lambda_1 L_1 + \lambda_2 L_2 + \ldots + \lambda_R L_R = 0$$

folgt: $\lambda_1 = \lambda_2 = \ldots = \lambda_R = 0\,.$

Es gilt:

$$\sum_{i=1}^{n} z_i = \sum_{k=1}^{n} s_k, \qquad z_1 = \sum_{k=1}^{n} s_k - \sum_{i=2}^{n} z_i$$

$$\sum_{r=1}^{n} d_r = \sum_{k=1}^{n} s_k, \qquad d_1 = \sum_{k=1}^{n} s_k - \sum_{r=2}^{n} d_r$$

$$\sum_{r=1}^{n} d'_r = \sum_{k=1}^{n} s_k, \qquad d'_n = \sum_{k=1}^{n} s_k - \sum_{r=1}^{n-1} d'_r\,.$$

Ist n gerade, so bestehen außerdem die Gleichungen:

$$\sum_{r=1}^{\frac{n}{2}} d_{2r} = \sum_{r=1}^{\frac{n}{2}} d'_{2r-1}, \qquad d_2 = \sum_{r=1}^{\frac{n}{2}} d'_{2r-1} - \sum_{r=2}^{\frac{n}{2}} d_{2r}.$$

Beweis: Ein Element der Linearform d_{2r} ist $a_{i,\,i+2r-1}$; es gehört auch der Diagonale d'_s an, wo

$$\begin{aligned} n+1-s-(i-1) &\equiv i+2r-1\,(n) \\ s &\equiv 3-2i-2r\,(n) \\ s &\equiv 1\,(2) \text{ ist.} \end{aligned}$$

Ich trenne die beiden Fälle $n \equiv 1\,(2)$ und $n \equiv 0\,(2)$.

a) $\underline{n \equiv 1\,(2)}$:

Ich will zeigen, daß die $4n-3$ Linearformen

$$s_1, \ldots, s_n; \qquad z_2, \ldots, z_n; \qquad d_2, \ldots, d_n; \qquad d'_1, \ldots, d'_{n-1}$$

linear unabhängig sind. Ich stelle die Gleichung auf:

$$\sum_{k=1}^{n} \sigma_k \cdot s_k + \sum_{i=1}^{n} \zeta_i \cdot z_i + \sum_{r=1}^{n} \delta_r \cdot d_r + \sum_{r=1}^{n} \delta'_r \cdot d'_r = 0$$

$$(\zeta_1 = \delta_1 = \delta'_n = 0).$$

Der Koeffizient des Elements a_{ik} ist

$$\sigma_k + \zeta_i + \delta_{k-i+1} + \delta'_{n+2-i-k} = 0.$$

Ich setze $i = k = 1$ und erhalte

$$\sigma_1 = 0.$$

Daher ist

$$\zeta_i + \delta_{2-i} + \delta'_{n+1-i} = 0 \quad \text{für alle } i.$$

Daraus folgt:

$$\sigma_k + (\delta_{k-i+1} - \delta_{2-i}) + (\delta'_{n+2-i-k} - \delta'_{n+1-i}) = 0$$

$$\sum_{i=1}^{n} [\sigma_k + (\delta_{k-i+1} - \delta_{2-i}) + (\delta'_{n+2-i-k} - \delta'_{n+1-i})] = n \cdot \sigma_k = 0$$

$$\underline{\sigma_k = 0 \text{ für alle } k}$$

$$\zeta_i + \delta_{k-i+1} + \delta'_{n+2-i-k} = 0 \text{ für alle Wertepaare } i, k.$$

Für $i = 1$ ergibt sich:

$$\delta_k + \delta'_{n+1-k} = 0.$$

Also gilt:

$$\zeta_i + (\delta_{k-i+1} - \delta_k) + (\delta'_{n+2-i-k} - \delta'_{n+1-k}) = 0$$

$$\sum_{k=1}^{n} [\zeta_i + (\delta_{k-i+1} - \delta_k) + (\delta'_{n+2-i-k} - \delta'_{n+1-k})] = n \cdot \zeta_i = 0$$

$$\underline{\zeta_i = 0 \text{ für alle } i}$$

+) $\quad \delta_{k-i+1} + \delta'_{n+2-i-k} = 0$ für alle Wertepaare i, k.

Im Falle $k = i$ finde ich:

$$\delta'_{n+2-2i} = 0 \text{ für alle } i.$$

Das heißt:

$$\underline{\delta'_n = \delta'_{n-2} = \ldots = \delta'_1 = \delta'_{n-1} = \ldots = \delta'_2 = 0}.$$

Deshalb verschwinden auch die Faktoren δ_r.

b) $\underline{n \equiv 0(2)}$:

Ich will zeigen, daß die $4n - 4$ Linearformen

$$s_1, \ldots, s_n; \qquad z_2, \ldots, z_n; \qquad d_3, \ldots, d_n; \qquad d'_1, \ldots, d'_{n-1}$$

linear unabhängig sind.

Bis zur Stelle +) ist der Beweis wie im Falle $n \equiv 1(2)$, jedoch ist auch $\delta_2 = 0$.

Für $k = i$ finde ich jetzt:

$$\underline{\delta'_{n+2-2i} = 0 = \delta'_n = \delta'_{n-2} = \ldots = \delta'_2}$$

und für $k = i + 1$:

$$\underline{\delta'_{n+1-2i} = 0 = \delta'_{n-1} = \delta'_{n-3} = \ldots = \delta'_1}\,.$$

Daraus folgt: Auch die Koeffizienten δ_r verschwinden.

Ergebnis: Bei ungeradem n ist der Rang R des Gleichungensystems gleich $4n - 3$, bei geradem n gleich $4n - 4$. Im ersten Falle habe ich unter den n^2 Elementen des pandiagonalen Quadrates $(n-2)^2 - 1$, im zweiten $(n-2)^2$ unabhängige Variablen.

4. *Definition der elementaren Umformungen eines Quadrates*

Die Matrix $A = (a_{ik})$ sei ein semimagisches Quadrat n-ter Ordnung, das zur Permutationengruppe P gehört. Ich will versuchen, aus ihr durch Zeilen- und Spaltenvertauschungen sowie durch Transposition weitere gleichartige Quadrate herzustellen.

Unterwerfe ich die Zeilen der Matrix A der Permutation ζ, die Spalten der Permutation σ, so erhalte ich die Matrix $A' = (a'_{ik})$, wo

$$a'_{ik} = a_{jl}, \qquad i \cdot \zeta = j, \qquad k \cdot \sigma = l$$

ist. Man sieht sofort, daß bei dieser die Zeilen- und Spaltenbedingungen erfüllt sind, d. h. daß sie semimagisch ist. (Das trifft auch dann noch zu, wenn wir sie transponieren, d. h. wenn wir die Zeilen mit den Spalten vertauschen.) Außerdem sollen aber die k Gleichungen gelten:

$$\sum_{\nu=1}^{n} a'_{\nu, i_\nu} = s\,, \text{ wo } \nu \cdot \pi = i_\nu \text{ und } \sum_{(k)} \pi = P \text{ ist.}$$

Das ist der Fall, wenn die Gesamtheit der k Linearformen $\sum a'_{\nu, i_\nu}$ mit der aus den Elementen a_{ik} gebildeten identisch ist. Dann besteht z. B. die Gleichung

$$\sum_{\nu=1}^{n} a'_{\nu\nu} = \sum_{\nu=1}^{n} a_{\nu, i_\nu}\,,$$

wo $\nu \cdot \pi = i_\nu$ und π eine *bestimmte* Permutation aus der Gruppe P ist. Es gilt:

$$a'_{\nu\nu} = a_{j_\nu, k_\nu},$$

wo $\qquad \nu \cdot \zeta = j_\nu, \qquad \nu \cdot \sigma = j_\nu \cdot \zeta^{-1} \cdot \sigma = k_\nu$ ist.

Daraus folgt:

$$k_\nu = j_\nu \cdot \zeta^{-1} \cdot \sigma = j_\nu \cdot \pi, \qquad \zeta^{-1} \cdot \sigma = \pi, \qquad \underline{\sigma = \zeta \cdot \pi}.$$

Außerdem haben wir $k - 1$ weitere Gleichungen:

$$\sum_{\nu=1}^{n} a'_{\nu, r_\nu} = \sum_{\nu=1}^{n} a_{\nu, s_\nu},$$

wo $\qquad \nu \cdot \pi' = r_\nu, \qquad \nu \cdot \pi'' = s_\nu$ und $\pi', \pi'' \subset P$ ist.

Es gilt:

$$a'_{\nu, r_\nu} = a_{t_\nu, u_\nu},$$

$$\nu \cdot \zeta = t_\nu,\ r_\nu \cdot \sigma = u_\nu; \qquad \nu \cdot \pi' = r_\nu,\ t_\nu \cdot \pi'' = u_\nu;$$

$$\nu \cdot \pi' \cdot \sigma = u_\nu = t_\nu \cdot \pi'' = \nu \cdot \zeta \cdot \pi'';$$

$$\pi' \cdot \sigma = \pi' \cdot \zeta \cdot \pi = \zeta \cdot \pi'', \qquad \underline{\zeta^{-1} \cdot \pi' \cdot \zeta = \pi'' \cdot \pi^{-1}}.$$

Durchläuft π' in irgendeiner Reihenfolge die Permutationen der Gruppe P, so trifft das auch für π'' und für $\pi'' \cdot \pi^{-1}$ zu. Das heißt:

$$\underline{\zeta^{-1} \cdot P \cdot \zeta = P}.$$

Auch das Umgekehrte läßt sich zeigen:

Unterwerfen wir die Zeilen der Matrix A einer Permutation ζ mit der Eigenschaft: $\zeta^{-1} \cdot P \cdot \zeta = P$ und die Spalten einer Permutation $\sigma = \zeta \cdot \pi$, wo $\pi \subset P$ ist, so erhalten wir eine Matrix A', deren zur Gruppe P gehörige Linearformenmenge mit der von A übereinstimmt. Deshalb gilt in A' dasselbe Gleichungensystem wie in A.

Transponiere ich das Quadrat $A = (a_{ik})$, so erhalte ich die Matrix

$$A_t = A' = (a'_{ik}), \qquad \text{wo } a'_{ik} = a_{ki} \text{ ist.}$$

Ist $\pi = \begin{pmatrix} 1, & 2, & \ldots, & n \\ i_1, & i_2, & \ldots, & i_n \end{pmatrix}$ eine beliebige Permutation aus P und $\pi^{-1} = \begin{pmatrix} 1, & 2, & \ldots, & n \\ j_1, & j_2, & \ldots, & j_n \end{pmatrix}$, so gilt:

$$\sum_{\nu=1}^{n} a'_{\nu, i_\nu} = \sum_{\nu=1}^{n} a_{i_\nu, \nu} = \sum_{\nu=1}^{n} a_{\nu, j_\nu}.$$

Daraus folgt:

Die zur Gruppe P gehörigen Linearformenmengen beider Quadrate sind gleich, in $A' = A_t$ bestehen dieselben Gleichungen wie in A.

Die Abänderung des gegebenen Quadrates A durch eine Zeilenpermutation ζ, wo $\zeta^{-1} \cdot P \cdot \zeta = P$ ist, eine Spaltenpermutation $\sigma = \zeta \cdot \pi$, wo $\pi \subset P$ ist, und nachfolgende Transposition oder ohne diese nenne ich *elementare Umformung*. Sie soll durch das Symbol $(\zeta, \sigma)_t$ bzw. (ζ, σ) dargestellt werden.

5. *Die Anzahl der elementaren Umformungen*

Mit jeder beliebigen n-ziffrigen Permutation p bilde ich den Komplex $p^{-1} \cdot P \cdot p$. Er ist eine zu P konjugierte Gruppe. Diejenigen Permutationen ζ, für die $\zeta^{-1} \cdot P \cdot \zeta = P$ ist, bilden eine Gruppe (Π).

Beweis:

$$\zeta^{-1} \cdot P \cdot \zeta = P$$
$$\zeta'^{-1} \cdot P \cdot \zeta' = P$$
$$(\zeta \cdot \zeta')^{-1} \cdot P \cdot (\zeta \cdot \zeta') = \zeta'^{-1} \cdot (\zeta^{-1} \cdot P \cdot \zeta) \cdot \zeta' = \zeta'^{-1} \cdot P \cdot \zeta' = P.$$

Ist Π die symmetrische Gruppe n-ten Grades (S_n), so ist P eine normale Untergruppe der S_n. Im allgemeinen ist $S_n \supset \Pi \supset P$.

Ich will die Ordnung $\varkappa$ der Gruppe Π bestimmen.

Die zur Gruppe P konjugierten Gruppen (zu diesen rechne ich auch P) seien: $P_1 = P, P_2, \ldots, P_l$. Ihre Anzahl sei also l.

Die Permutationen p_r, die die Gleichung liefern:

$$p_r^{-1} \cdot P \cdot p_r = P_r,$$

bilden den Komplex K_r. Eine von ihnen sei ϱ_r. Dann gilt:

$$\varrho_r^{-1} \cdot P \cdot \varrho_r = P_r.$$

Auch jede der $\varkappa$ Permutationen $\zeta \cdot \varrho_r$ genügt dieser Gleichung:

$$(\zeta \cdot \varrho_r)^{-1} \cdot P \cdot (\zeta \cdot \varrho_r) = \varrho_r^{-1} \cdot (\zeta^{-1} \cdot P \cdot \zeta) \cdot \varrho_r = \varrho_r^{-1} \cdot P \cdot \varrho_r = P_r.$$

Deshalb gehören die $\varkappa$ Permutationen $\zeta \cdot \varrho_r$ zu K_r.

Ich behaupte: $\Pi \cdot \varrho_r = K_r$, d. h., jede Permutation p_r läßt sich in der Form darstellen: $p_r = \zeta \cdot \varrho_r$.

Beweis:

$$p_r^{-1} \cdot P \cdot p_r = P_r = \varrho_r^{-1} \cdot P \cdot \varrho_r$$

$$(\varrho_r \cdot p_r^{-1}) \cdot P \cdot (p_r \cdot \varrho_r^{-1}) = (p_r \cdot \varrho_r^{-1})^{-1} \cdot P \cdot (p_r \cdot \varrho_r^{-1}) = P$$

$$p_r \cdot \varrho_r^{-1} = \zeta, \qquad p_r = \zeta \cdot \varrho_r.$$

Daraus folgt:

$$\Pi + \Pi \cdot \varrho_2 + \ldots + \Pi \cdot \varrho_l = S_n$$

$$\varkappa \cdot l = n!$$

$$\varkappa = \frac{n!}{l}$$

Die $\frac{n!}{l}$ Permutationen $\zeta \subset \Pi$ sind die zulässigen Zeilenpermutationen in den semimagischen Quadraten n-ter Ordnung, die zur Gruppe P gehören. Jeder von ihnen sind k verschiedene Spaltenpermutationen $\zeta \cdot \pi$ zugeordnet. Daher kann ich aus einem Quadrat A durch Reihenvertauschungen $k \cdot \frac{n!}{l}$ verschiedene gleichartige Quadrate (A eingeschlossen) erzeugen. Jedes kann ich noch transponieren. Daraus geht hervor:

Die Zahl der Quadrate, die sich aus A durch elementare Umformungen bilden lassen, ist

$$2 \cdot \frac{k}{l} \cdot n!$$

6. *Einteilung der Quadrate in Klassen*

Wenn ich mit dem Quadrat A alle elementaren Umformungen vornehme, bekomme ich eine *Klasse von Quadraten*. Irgendeins von diesen sei A'. Mit der Matrix A' verfahre ich so wie mit der Matrix A. Dabei entstehen aber keine neuen Quadrate: Ich erhalte die bereits aus A gewonnene Klasse.

Beweis:

a) $A' = A(\zeta, \sigma) = A(\zeta, \zeta \cdot \pi)$

$a'_{ik} = a_{jl}$, wo $i \cdot \zeta = j$ und $k \cdot \zeta \cdot \pi = l$ ist.

Ich bilde:

$A'' = A'(\zeta', \sigma') = A'(\zeta', \zeta' \cdot \pi')$.

$a''_{ik} = a'_{mn} = a_{pq}$, wo

$i \cdot \zeta' = m$, $k \cdot \zeta' \cdot \pi' = n$ und $m \cdot \zeta = p$, $n \cdot \zeta \cdot \pi = q$ ist.

Daraus folgt:

$i \cdot \zeta' \cdot \zeta = p$, $k \cdot \zeta' \cdot \pi' \cdot \zeta \cdot \pi = q$.

Ich setze $\zeta' \cdot \zeta = \zeta''$ und $(\zeta^{-1} \cdot \pi' \cdot \zeta) \cdot \pi = \pi''$.

Dann gilt:

$i \cdot \zeta'' = p$, $k \cdot \zeta'' \cdot \pi'' = q$

$A'' = A(\zeta'', \sigma'') = A(\zeta'', \zeta'' \cdot \pi'')$

$A''_t = A(\zeta'', \zeta'' \cdot \pi'')_t$.

Jedes Quadrat, das aus $A' = A(\zeta, \sigma)$ durch elementare Umformung hervorgeht, kann auch aus A gewonnen werden.

b) $A' = A(\zeta, \zeta \cdot \pi)_t$

$a'_{ik} = a_{jl}$, wo $i \cdot \zeta \cdot \pi = l$ und $k \cdot \zeta = j$ ist.

Ich bilde:

$A'' = A'(\zeta', \zeta' \cdot \pi')_t$.

$a''_{ik} = a'_{mn} = a_{pq}$, wo

$i \cdot \zeta' \cdot \pi' = n$, $k \cdot \zeta' = m$ und $m \cdot \zeta \cdot \pi = q$, $n \cdot \zeta = p$ ist.

Daraus folgt:

$$i \cdot \zeta' \cdot \pi' \cdot \zeta = p, \quad k \cdot \zeta' \cdot \zeta \cdot \pi = q.$$

Ich setze $\zeta' \cdot \pi' \cdot \zeta = \zeta''$ und $(\zeta^{-1} \cdot \pi'^{-1} \cdot \zeta) \cdot \pi = \pi''$.

Dann gilt:

$$i \cdot \zeta'' = p, \quad k \cdot \zeta'' \cdot \pi'' = q$$

$$A'' = A(\zeta'', \zeta'' \cdot \pi'')$$

$$A_t'' = A(\zeta'', \zeta'' \cdot \pi'')_t.$$

Jedes Quadrat, das aus $A' = A(\zeta, \sigma)_t$ durch elementare Umformung hervorgeht, kann auch aus A gewonnen werden.

Setze ich fest, daß die aus ein und demselben Quadrat durch elementare Umformungen entstehenden Quadrate eine Klasse bilden sollen, so ordne ich jedes Quadrat genau einer Klasse zu. Will ich die Anzahl der Quadrate bestimmen, so zähle ich nicht diese, sondern die Klassen bzw. geeignet ausgewählte Klassenrepräsentanten.

7. *Die Zahl* $2 \cdot \frac{k}{l} \cdot n!$ *im Falle* $P = P_n$

Ich will die Zahl l der zu P_n konjugierten Gruppen bestimmen.

a) Ich zähle die zur Gruppe $\sum_{r=1}^{n} (1, 2, \ldots, n)^r$ konjugierten Gruppen.

Zu diesem Zwecke betrachte ich irgendeine Permutation $z \subset S_n$, die durch einen Zyklus von n Ziffern dargestellt wird:

$$z = (i_1, i_2, \ldots, i_n).$$

(Unter $i_1, \ldots, i_n$ verstehe ich die Ziffern $1, \ldots, n$ in irgendeiner Reihenfolge.)

In dem Zyklus stelle ich die Ziffer $i_s = 1$ an den Anfang, ich schreibe also:

$$z = (i_s = 1, i_{s+1}, \ldots, i_{s+n-1}) = (1, j_2, \ldots, j_n) \quad (j_t = i_{s+t-1}).$$

Man sieht sofort, daß die $(n-1)!$ Permutationen

$$\pi = \begin{pmatrix} 2, 3, \ldots, n \\ j_2, j_3, \ldots, j_n \end{pmatrix}$$

alle Zyklen z liefern und daß es $(n-1)!$ verschiedene Zyklen der Ziffern $1, \ldots, n$ gibt.

Die Potenzen einer solchen Permutation z bilden die Gruppe $G(z)$:

$$G(z) = z + z^2 + \ldots + z^n \quad (z^n = 1).$$

Eine von ihnen sei $z^r (1 \leq r \leq n)$. Die Potenzen von z^r sind:

$$z^r, \quad z^{2r}, \quad \ldots, \quad z^{nr} = 1, \quad \ldots$$

Ich suche den kleinsten Exponenten $e > 0$, für den $z^{er} = 1$ ist. Das ist dann und nur dann der Fall, wenn $er \equiv 0\,(n)$ ist. Ist $(r, n) = d\,[r = r_1 d,\ n = n_1 d,\ (r_1, n_1) = 1]$, so ist die Kongruenz $er \equiv 0\,(n)$ gleichbedeutend mit:

$$er_1 \equiv 0\,(n_1), \qquad e \equiv 0\,(n_1).$$

Daraus folgt:

$$e = n_1 = \frac{n}{d}.$$

Die Permutation $z^r = (i_1, i_2, \ldots, i_n)^r$, wo $(r, n) = d$ ist, besitzt $\frac{n}{d}$ untereinander verschiedene Potenzen.

Ist $d > 1$, so ist die Permutation z^r kein n-ziffriger Zyklus, da in diesem Falle $e = \frac{n}{d} < n$ ist.

Ist $d = 1$, so ist z^r der n-ziffrige Zyklus

$$(i_1, i_{r+1}, i_{2r+1}, \ldots, i_{(n-1)r+1}),$$

und es besteht die Gleichung:

$$G(z^r) = z^r + z^{2r} + \ldots + z^{nr} = G(z).$$

(In diesem Falle bilden die Zahlen $r, 2r, \ldots, nr$ ein vollständiges Repräsentantensystem modulo n.)

Daraus folgt: Unter den n verschiedenen Potenzen der Permutation $z = (i_1, \ldots, i_n)$ sind $\varphi(n)$ n-ziffrige Zyklen. Die Gruppen ihrer Potenzen sind gleich.

Daraus folgt weiter: Unter den „Potenzengruppen“ $G(z)$ der $(n-1)!$ Zyklen z sind $\frac{(n-1)!}{\varphi(n)}$ verschiedene.

Diese sind zur Gruppe $G_0 = G(z_0) = \sum_{r=1}^{n} (1, 2, \ldots, n)^r$ konjugiert. Das ergibt sich aus der Gleichung:

$$\pi^{-1} \cdot z_0^r \cdot \pi = (\pi^{-1} \cdot z_0 \cdot \pi)^r = (i_1, \ldots, i_n)^r,$$

$$\text{wenn } \begin{pmatrix} 1, \ldots, n \\ i_1, \ldots, i_n \end{pmatrix} = \pi \text{ ist.}$$

Die Zahl l der zu G_0 konjugierten Gruppen ist also gleich $\frac{(n-1)!}{\varphi(n)}$.

Die $\varkappa = \frac{n!}{l} = n \cdot \varphi(n)$ Permutationen π, die der Gleichung genügen:

$$\pi^{-1} \cdot G_0 \cdot \pi = G = \sum_{r=1}^{n} (i_1, \ldots, i_n)^r = \sum_{r=1}^{n} z^r,$$

kann ich in der Gestalt schreiben:

$$\pi = \begin{pmatrix} 1, & 2, & 3, & \ldots, & n \\ i_\lambda, & i_{\lambda+\mu}, & i_{\lambda+2\mu}, & \ldots, & i_{\lambda+(n-1)\mu} \end{pmatrix},$$

wo $1 \leqq \lambda, \mu \leqq n$ und $(\mu, n) = 1$ ist.

Beweis:

$$\begin{aligned} \pi^{-1} \cdot z_0 \cdot \pi &= (i_\lambda, i_{\lambda+\mu}, i_{\lambda+2\mu}, \ldots, i_{\lambda+(n-1)\mu}) \\ &= (i_\lambda, i_{\lambda+1}, \ldots, i_{\lambda+n-1})^\mu \\ &= (i_1, i_2, \ldots, i_n)^\mu \\ &= z^\mu \end{aligned}$$

$$\pi^{-1} \cdot z_0^r \cdot \pi = (\pi^{-1} \cdot z_0 \cdot \pi)^r = z^{\mu r}$$

$$\pi^{-1} \cdot G_0 \cdot \pi = G(z^\mu) = G(z).$$

b) Jetzt betrachte ich endlich die Gruppe $P_n = G_0 + G_0 \cdot \varrho$ und die zu ihr konjugierten Gruppen

$$\pi^{-1} \cdot P_n \cdot \pi = \pi^{-1} \cdot G_0 \cdot \pi + \pi^{-1}(G_0 \cdot \varrho)\,\pi .$$

Die Permutationen aus dem Komplex $\pi^{-1}(G_0 \cdot \varrho)\pi$ sind Produkte von Transpositionen.

Wenn die Ziffer ν durch die Permutation π in die Ziffer k_ν übergeführt wird ($\nu \cdot \pi = k_\nu$), gilt:

$$\begin{aligned} k_\nu \cdot (\pi^{-1} \cdot z_0^r \cdot \varrho \cdot \pi) &= \nu \cdot (z_0^r \cdot \varrho \cdot \pi) = (\nu + r) \cdot (\varrho \cdot \pi) \\ &= (n + 1 - \nu - r) \cdot \pi = k_{n+1-\nu-r} \\ k_{n+1-\nu-r} \cdot (\pi^{-1} \cdot z_0^r \cdot \varrho \cdot \pi) &= (n + 1 - \nu - r) \cdot (z_0^r \cdot \varrho \cdot \pi) \\ &= (n + 1 - \nu) \cdot (\varrho \cdot \pi) = \nu \cdot \pi = k_\nu . \end{aligned}$$

Ich behaupte:

Aus der Gleichung

$$\pi^{-1} \cdot G_0 \cdot \pi = \pi'^{-1} \cdot G_0 \cdot \pi' = G$$

folgt stets die andere Gleichung:

$$\pi^{-1} \cdot (G_0 \cdot \varrho) \cdot \pi = \pi'^{-1} \cdot (G_0 \cdot \varrho) \cdot \pi',$$

so daß die Gruppen G_0 und P_n gleich viele konjugierte Gruppen besitzen.

Beweis: Es sei $G = \sum_{r=1}^{n} (i_1, \ldots, i_n)^r$.

Dann kann ich setzen:

$$\pi = \begin{pmatrix} 1, & 2 & , 3 & , \ldots, n \\ i_\lambda, & i_{\lambda+\mu}, & i_{\lambda+2\mu}, & \ldots, i_{\lambda+(n-1)\mu} \end{pmatrix},$$

$$\pi' = \begin{pmatrix} 1, & 2 & , 3 & , \ldots, n \\ i_{\lambda'}, & i_{\lambda'+\mu'}, & i_{\lambda'+2\mu'}, & \ldots, i_{\lambda'+(n-1)\mu'} \end{pmatrix},$$

wo $1 \leqq \lambda, \mu, \lambda', \mu' \leqq n$ und $(\mu, n) = (\mu', n) = 1$ ist.

Ich betrachte die Permutation

$$\pi^{-1}(z_0^r \cdot \varrho)\,\pi = \prod_s (i_{\lambda+s\mu}, i_{\lambda+(n-s-r-1)\mu}) .$$

(Das Produkt erstreckt sich über alle Ziffern $0 \leqq s \leqq n-1$, die voneinander verschiedene Transpositionen liefern.)

Ich will zeigen, daß eine Zahl $1 \leqq r' \leqq n$ existiert, für die

$$\pi'^{-1}(z_0^{r'} \cdot \varrho)\pi' = \prod_{s'} (i_{\lambda'+s'\mu'}, i_{\lambda'+(n-s'-r'-1)\mu'}) = \pi^{-1}(z_0^{r} \cdot \varrho)\pi$$

ist.

Definition der Zahl r':

r' ist diejenige Lösung der Kongruenz

$$x \cdot \mu' \equiv r \cdot \mu + (\mu - \mu') - 2(\lambda - \lambda') \quad (n),$$

die im Intervall $1, \ldots, n$ liegt.

α) Jede Transposition τ aus der Hauptproduktdarstellung von $\pi^{-1}(z_0^{r} \cdot \varrho)\pi$ tritt auch in der von $\pi'^{-1}(z_0^{r'} \cdot \varrho)\pi'$ auf.

Beweis:

$$\tau = (i_{\lambda+s\mu}, i_{\lambda+(n-s-r-1)\mu})$$

s' sei die Lösung der Kongruenz

$$x \cdot \mu' \equiv (\lambda - \lambda') + s \cdot \mu \quad (n),$$

die im Intervall $0, \ldots, n-1$ liegt.

Dann ist
$$s'\mu' + \lambda' \equiv s\mu + \lambda \quad (n)$$
$$\underline{i_{\lambda'+s'\mu'} = i_{\lambda+s\mu}}$$
$$r'\mu' + \mu' - 2\lambda' \equiv r\mu + \mu - 2\lambda \quad (n)$$
$$r'\mu' + \mu' + s'\mu' - \lambda' \equiv r\mu + \mu + s\mu - \lambda \quad (n)$$
$$(r' + 1 + s' - n)\mu' - \lambda' \equiv (r + 1 + s - n)\mu - \lambda \quad (n)$$
$$\underline{i_{\lambda'+(n-s'-r'-1)\mu'} = i_{\lambda+(n-s-r-1)\mu}}$$
$$(i_{\lambda'+s'\mu'}, i_{\lambda'+(n-s'-r'-1)\mu'}) \qquad (i_{\lambda+s\mu}, i_{\lambda+(n-s-r-1)\mu}) = \tau$$

β) Jede Transposition τ' aus der Hauptproduktdarstellung von $\pi'^{-1}(z_0^{r'} \cdot \varrho)\pi'$ kommt auch in der von $\pi^{-1}(z_0^{r} \cdot \varrho)\pi$ vor.

Beweis:

$$\tau' = (i_{\lambda'+s'\mu'}, i_{\lambda'+(n-s'-r'-1)\mu'})$$

s sei die Lösung der Kongruenz:

$$x \cdot \mu \equiv (\lambda' - \lambda) + s'\mu' \quad (n),$$

die im Intervall $0, \ldots, n-1$ liegt.

Dann ist
$$s\mu + \lambda \equiv s'\mu' + \lambda' \quad (n)$$
$$\underline{i_{\lambda+s\mu} = i_{\lambda'+s'\mu'}}$$
$$r\mu + \mu - 2\lambda \equiv r'\mu' + \mu' - 2\lambda' \quad (n)$$
$$r\mu + \mu + s\mu - \lambda \equiv r'\mu' + \mu' + s'\mu' - \lambda' \quad (n)$$
$$(r + 1 + s - n)\mu - \lambda \equiv (r' + 1 + s' - n)\mu' - \lambda' \quad (n)$$
$$\underline{i_{\lambda+(n-s-r-1)\mu} = i_{\lambda'+(n-s'-r'-1)\mu'}}$$
$$(i_{\lambda+s\mu}, i_{\lambda+(n-s-r-1)\mu}) = (i_{\lambda'+s'\mu'}, i_{\lambda'+(n-s'-r'-1)\mu'}) = \tau'$$

Aus α) und β) folgt:

$$\pi^{-1}(z_0^r \cdot \varrho)\pi = \pi'^{-1}(z_0^{r'} \cdot \varrho)\pi'.$$

Jede Permutation aus dem Komplex $\pi^{-1}(G_0 \cdot \varrho)\pi$ ist im Komplex $\pi'^{-1}(G_0 \cdot \varrho)\pi'$ enthalten. Da beide Komplexe aus n Permutationen bestehen, sind sie gleich.

Damit ist bewiesen, daß

$$l(P_n) = l(G_0) = \frac{(n-1)!}{\varphi(n)} \text{ ist.}$$

Die pandiagonalen Quadrate können

$$\underline{2 \cdot \frac{k}{l} \cdot n! = (2n)^2 \cdot \varphi(n)}$$

elementaren Umformungen unterworfen werden.

Teil II

Die pandiagonalen Quadrate vierter Ordnung

8. *Eigenschaften des 4-reihigen pandiagonalen Quadrates*

Die Elemente des 4-reihigen pandiagonalen Quadrates

$$\boxed{\begin{array}{cccc} a_{11} & a_{12} & a_{13} & a_{14} \\ a_{21} & a_{22} & a_{23} & a_{24} \\ a_{31} & a_{32} & a_{33} & a_{34} \\ a_{41} & a_{42} & a_{43} & a_{44} \end{array}}$$

genügen den 16 Gleichungen:

$$z_i = \sum_{k=1}^{4} a_{ik} = s \ (1 \leqq i \leqq 4), \qquad s_k = \sum_{i=1}^{4} a_{ik} = s \ (1 \leqq k \leqq 4)$$

$$\begin{array}{ll} d_1 = a_{11} + a_{22} + a_{33} + a_{44} = s & d_1' = a_{14} + a_{23} + a_{32} + a_{41} = s \\ d_2 = a_{12} + a_{23} + a_{34} + a_{41} = s & d_2' = a_{13} + a_{22} + a_{31} + a_{44} = s \\ d_3 = a_{13} + a_{24} + a_{31} + a_{42} = s & d_3' = a_{12} + a_{21} + a_{34} + a_{43} = s \\ d_4 = a_{14} + a_{21} + a_{32} + a_{43} = s & d_4' = a_{11} + a_{24} + a_{33} + a_{42} = s \end{array}$$

Aus diesen folgen einige wichtige Beziehungen.

Ich streiche im pandiagonalen Quadrat $A = (a_{ik})$ zwei benachbarte Zeilen $(i_1, i_2, i_1 < i_2)$ und Spalten $(k_1, k_2, k_1 < k_2)$ durch. (Auch die Reihen 1 und 4 gelten als benachbart. Hier ist i_1 bzw. k_1 gleich 4 und i_2 bzw. k_2 gleich 1.)

Dabei werden vier Elemente doppelt, vier andere gar nicht durchgestrichen ($a_{i_1,k_1}, a_{i_1,k_2}, a_{i_2,k_1}, a_{i_2,k_2}$ bzw. $a_{i_3,k_3}, a_{i_3,k_4}, a_{i_4,k_3}, a_{i_4,k_4}$). Unterwerfe ich die Zeilen der Permutation $(1, 2, 3, 4)^{i_1-1}$ und die Spalten der Permutation $(1, 2, 3, 4)^{k_1-1}$, so erhalte ich das pandiagonale Quadrat $A' = (a'_{ik})$. In ihm stehen die vier doppelt durchgestrichenen Elemente in der linken oberen Ecke und die vier nicht durchgestrichenen in der rechten unteren Ecke:

$$a'_{11} = a_{i_1,k_1},\ a'_{12} = a_{i_1,k_2},\ a'_{21} = a_{i_2,k_1},\ a'_{22} = a_{i_2,k_2},$$
$$a'_{33} = a_{i_3,k_3},\ a'_{34} = a_{i_3,k_4},\ a'_{43} = a_{i_4,k_3},\ a'_{44} = a_{i_4,k_4}.$$

Diese acht Elemente bilden die beiden Diagonalen

$$(a'_{11}, a'_{22}, a'_{33}, a'_{44}) \quad \text{und} \quad (a'_{12}, a'_{21}, a'_{34}, a'_{43}).$$

Daher bestehen die Gleichungen:

$$\begin{aligned} z'_1 + z'_2 - s'_3 - s'_4 = (a'_{11} + a'_{12} + a'_{21} + a'_{22}) \\ - (a'_{33} + a'_{34} + a'_{43} + a'_{44}) = 0 \\ \underline{(a'_{11} + a'_{22} + a'_{33} + a'_{44}) + (a'_{12} + a'_{21} + a'_{34} + a'_{43}) = 2s} \\ 2(a'_{11} + a'_{12} + a'_{21} + a'_{22}) = 2s \end{aligned}$$

$$a'_{11} + a'_{12} + a'_{21} + a'_{22} = a_{i_1,k_1} + a_{i_1,k_2} + a_{i_2,k_1} + a_{i_2,k_2} = s.$$

Die Summe der vier Elemente, die zwei benachbarten Zeilen und zwei benachbarten Spalten gemeinsam sind, ist gleich s.

Jetzt streiche ich im Quadrat A zwei nicht benachbarte Zeilen $(i_1, i_3, i_1 < i_3)$ und Spalten $(k_1, k_3, k_1 < k_3)$ durch. Ich nehme die gleiche Umformung vor wie vorhin. Diesmal sind im pandiagonalen Quadrat A'

$a'_{11}, a'_{13}, a'_{31}, a'_{33}$ die doppelt durchgestrichenen Elemente und $a'_{22}, a'_{24}, a'_{42}, a'_{44}$ die nicht durchgestrichenen.

Diese acht Elemente besetzen die zwei Diagonalen

$$(a'_{11}, a'_{22}, a'_{33}, a'_{44}) \quad \text{und} \quad (a'_{13}, a'_{24}, a'_{31}, a'_{42})$$

und die zwei Diagonalen

$$(a'_{11}, a'_{24}, a'_{33}, a'_{42}) \quad \text{und} \quad (a'_{13}, a'_{22}, a'_{31}, a'_{44}).$$

Folglich gelten die Gleichungen:

$$\begin{aligned} a'_{11}+a'_{22}+a'_{33}+a'_{44} &= a'_{13}+a'_{22}+a'_{31}+a'_{44} = \\ a'_{11}+a'_{24}+a'_{33}+a'_{42} &= a'_{13}+a'_{24}+a'_{31}+a'_{42} \\ a'_{11}+a'_{33} &= a'_{13}+a'_{31} \\ a'_{24}+a'_{42} &= a'_{22}+a'_{44} \\ z'_1+z'_3-s'_2-s'_4 = 0 &= (a'_{11}+a'_{13}+a'_{31}+a'_{33})-(a'_{22}+a'_{42}+a'_{24}+a'_{44}) \\ &= 2(a'_{11}+a'_{33}) - 2(a'_{22}+a'_{44}) \\ a'_{11}+a'_{33} &= a'_{22}+a'_{44} \end{aligned}$$

$$a'_{11} + a'_{33} = a_{i_1,k_1} + a_{i_3,k_3} = \frac{s}{2} \qquad a'_{22} + a'_{44} = a_{i_2,k_2} + a_{i_4,k_4} = \frac{s}{2}$$

$$a'_{13} + a'_{31} = a_{i_1,k_3} + a_{i_3,k_1} = \frac{s}{2} \qquad a'_{24} + a'_{42} = a_{i_2,k_4} + a_{i_4,k_2} = \frac{s}{2}.$$

Die Summe zweier Elemente, die in der gleichen Diagonale auf nichtbenachbarten Plätzen stehen, ist gleich $\frac{s}{2}$.

Daraus folgt: Die Zahl s ist gerade.

9. *Auflösung des Gleichungensystems*

Die 16 Gleichungen des 4-reihigen pandiagonalen Quadrates haben den Rang $4n - 4/_{n=4} = 12$. Daher sind unter den 16 Elementen a_{ik} vier unabhängige Variablen. Verwende ich die Elemente a_{11}, a_{14}, a_{21}, a_{41} als unabhängige Variablen, so ergeben sich die anderen Elemente aus den folgenden Gleichungen:

1. $a_{33} = \frac{s}{2} - a_{11}$
2. $a_{32} = \frac{s}{2} - a_{14}$
3. $a_{43} = \frac{s}{2} - a_{21}$
4. $a_{23} = \frac{s}{2} - a_{41}$
5. $a_{44} = s - a_{11} - a_{14} - a_{41}$
6. $a_{22} = \frac{s}{2} - a_{44} = a_{11} + a_{14} + a_{41} - \frac{s}{2}$
7. $a_{24} = s - a_{11} - a_{14} - a_{21}$
8. $a_{31} = s - a_{11} - a_{41} - a_{21}$
9. $a_{42} = \frac{s}{2} - a_{24} = a_{11} + a_{14} + a_{21} - \frac{s}{2}$
10. $a_{13} = \frac{s}{2} - a_{31} = a_{11} + a_{41} + a_{21} - \frac{s}{2}$

$$11.\quad a_{12} = s - a_{11} - a_{21} - a_{22} = \frac{3}{2}s - 2a_{11} - a_{14} - a_{21} - a_{41}$$

$$12.\quad a_{34} = \frac{s}{2} - a_{12} = 2a_{11} + a_{14} + a_{21} + a_{41} - s\,.$$

10. Die elementaren Umformungen des pandiagonalen Quadrates vierter Ordnung

Bei den pandiagonalen Quadraten vierter Ordnung ist die Zahl der elementaren Umformungen gleich $(2n)^2 \cdot \varphi(n)/_{n=4} = 8^2 \cdot 2 = 128$. Die Gruppe Π der zulässigen Zeilenpermutationen ζ hat die Ordnung $\varkappa = n \cdot \varphi(n)/_{n=4} = 8$. Das bedeutet: $\varkappa = k$, $\Pi = P$.

Die Gruppe $\Pi = P$ enthält die Permutationen:

1	(1, 2, 3, 4)	(1, 3) (2, 4)	(1, 4, 3, 2)
(1, 4) (2, 3)	(1, 3)	(1, 2) (3, 4)	(2, 4)

Diese können auf die Zeilen und auf die Spalten des pandiagonalen Quadrates ausgeübt werden.

Ich betrachte eine Klasse von Quadraten und greife irgendeins heraus: $A' = (a'_{ik})$. Ist $a'_{rs} = 1$, so unterwerfe ich die Zeilen der Matrix der Permutation $(1, 2, 3, 4)^{r-1}$ und die Spalten der Permutation $(1, 2, 3, 4)^{s-1}$. Dadurch erhalte ich das Quadrat $A'' = (a''_{ik})$ der betrachteten Klasse. In ihm ist $a''_{11} = 1$.

Nimmt man mit A'' alle elementaren Umformungen vor, so erhält man wieder die gesamte Klasse. Dabei findet man, daß insgesamt acht Quadrate existieren, in denen die 1 in der linken oberen Ecke sitzt. Sie entstehen bei den elementaren Umformungen:

(1, 1)	((2, 4), 1)	(1, (2, 4))	((2, 4), (2, 4))
$(1, 1)_t$	$((2, 4), 1)_t$	$(1, (2, 4))_t$	$((2, 4), (2, 4))_t$

Unter ihnen sind vier Quadrate, in denen $a_{12} < a_{14}$ ist;
darunter sind zwei Quadrate, in denen $a_{21} < a_{41}$ ist;
in dem einen der beiden Quadrate ist $a_{14} < a_{41}$ und in
dem anderen $a_{41} < a_{14}$.

Dieses sei der *Klassenrepräsentant* R.

Die Zahl der Klassen ist so groß wie die Zahl der Klassenrepräsentanten, d. h. derjenigen Quadrate R, in denen

$$a_{11} = 1, \quad a_{21} < a_{41} < a_{14} \quad \text{und} \quad a_{12} < a_{14} \quad \text{ist.}$$

11. Zusammenfassung von je drei Klassenrepräsentanten

Besitze ich einen Klassenrepräsentanten R', so kann ich sofort zwei weitere (R'', R''') angeben.

Im Quadrat $R' = (a'_{ik})$ ist

$$a'_{11} = 1, \quad a'_{12} < a'_{14}, \quad a'_{21} < a'_{41} < a'_{14},$$

und es kann

a) $a'_{12} < a'_{21} < a'_{41}$

b) $a'_{21} < a'_{12} < a'_{41}$

c) $a'_{21} < a'_{41} < a'_{12}$

sein.

Die Quadrate R'' und R''' definiere ich wie folgt:

Im Fall a) soll $a''_{21} = a'_{12}$, $a''_{41} = a'_{41}$; $a'''_{21} = a'_{12}$, $a'''_{41} = a'_{21}$

b) soll $a''_{21} = a'_{12}$, $a''_{41} = a'_{41}$; $a'''_{21} = a'_{21}$, $a'''_{41} = a'_{12}$

c) soll $a''_{21} = a'_{41}$, $a''_{41} = a'_{12}$; $a'''_{21} = a'_{21}$, $a'''_{41} = a'_{12}$

sein.

In jedem Fall soll $a''_{14} = a'''_{14} = a'_{14}$ und $a''_{11} = a'''_{11} = a'_{11} = 1$ sein.

Mit den in 9. aufgestellten Gleichungen berechne ich:

im Fall a)

$$R'' = \begin{array}{|cccc|} \hline \underline{a'_{11}} & a'_{21} & a'_{24} & \underline{a'_{14}} \\ a'_{12} & \underline{a'_{22}} & \underline{a'_{23}} & a'_{13} \\ a'_{42} & \underline{a'_{32}} & \underline{a'_{33}} & a'_{43} \\ \underline{a'_{41}} & a'_{31} & a'_{34} & \underline{a'_{44}} \\ \hline \end{array}$$

im Fall b)

$$R'' = \begin{array}{|cccc|} \hline \underline{a'_{11}} & a'_{21} & a'_{24} & \underline{a'_{14}} \\ a'_{12} & \underline{a'_{22}} & \underline{a'_{23}} & a'_{13} \\ a'_{42} & \underline{a'_{32}} & \underline{a'_{33}} & a'_{43} \\ \underline{a'_{41}} & a'_{31} & a'_{34} & \underline{a'_{44}} \\ \hline \end{array}$$

im Fall c)

$$R'' = \begin{array}{|cccc|} \hline \underline{a'_{11}} & a'_{21} & a'_{24} & \underline{a'_{14}} \\ a'_{41} & a'_{31} & a'_{34} & a'_{44} \\ a'_{42} & \underline{a'_{32}} & \underline{a'_{33}} & a'_{43} \\ a'_{12} & a'_{22} & a'_{23} & a'_{13} \\ \hline \end{array}$$

$R''' =$
$$\begin{array}{|cccc|}\hline \underline{a'_{11}} & a'_{41} & a'_{44} & \underline{a'_{14}} \\ a'_{12} & a'_{42} & a'_{43} & a'_{13} \\ a'_{22} & \underline{a'_{32}} & \underline{a'_{33}} & a'_{23} \\ a'_{21} & a'_{31} & a'_{34} & a'_{24} \\ \hline \end{array}$$

$R''' =$
$$\begin{array}{|cccc|}\hline \underline{a'_{11}} & a'_{41} & a'_{44} & \underline{a'_{14}} \\ \underline{a'_{21}} & a'_{31} & a'_{34} & \underline{a'_{24}} \\ a'_{22} & \underline{a'_{32}} & \underline{a'_{33}} & a'_{23} \\ a'_{12} & \underline{a'_{42}} & \underline{a'_{43}} & a'_{13} \\ \hline \end{array}$$

$R''' =$
$$\begin{array}{|cccc|}\hline \underline{a'_{11}} & a'_{41} & a'_{44} & \underline{a'_{14}} \\ \underline{a'_{21}} & a'_{31} & a'_{34} & \underline{a'_{24}} \\ a'_{22} & \underline{a'_{32}} & \underline{a'_{33}} & a'_{23} \\ a'_{12} & \underline{a'_{42}} & \underline{a'_{43}} & a'_{13} \\ \hline \end{array}$$

In diesen pandiagonalen Quadraten bestehen die Ungleichungen:

a) $a''_{21} < a''_{12} < a''_{41} < a''_{14}, \quad a'''_{21} < a'''_{41} < a'''_{12} < a'''_{14}$

b) $a''_{12} < a''_{21} < a''_{41} < a''_{14}, \quad a'''_{21} < a'''_{41} < a'''_{12} < a'''_{14}$

c) $a''_{12} < a''_{21} < a''_{41} < a''_{14}, \quad a'''_{21} < a'''_{12} < a'''_{41} < a'''_{14}.$

Daraus geht hervor:

1. Die Quadrate R'' und R''' sind Klassenrepräsentanten.

2. In jedem Fall gehört dem Tripel (R', R'', R''') genau ein Quadrat an, in dem

$$a_{11} = 1 \quad \text{und} \quad a_{12} < a_{21} < a_{41} < a_{14}$$

ist. Ich nenne es *Normalquadrat* N.

Gehe ich vom Quadrat R'' oder R''' aus, um mir nach der angegebenen Methode zwei weitere Klassenrepräsentanten zu verschaffen, so erhalte ich im Fall

a) das Tripel (R'', R', R''') bzw. (R''', R', R'')

b) das Tripel (R'', R', R''') bzw. (R''', R'', R')

c) das Tripel (R'', R''', R') bzw. (R''', R'', R').

Die Klassenrepräsentanten lassen sich also in eindeutiger Weise zu Tripeln zusammenfassen, deren Vertreter die Normalquadrate sind. Ist $g(s)$ die Zahl aller zur Summe s gehörigen pandiagonalen Quadrate, $f(s)$ die der Normalquadrate, so gilt:

$$g(s) = 3 \cdot 128 \cdot f(s) = 384 \cdot f(s).$$

Im folgenden betrachte ich nur noch Normalquadrate.

12. Das Normalquadrat

Die Elemente a_{ik} der Normalquadrates genügen den Bedingungen:

1. $a_{11} = 1$;
2. die übrigen Elemente sind $\geqq 2$ und untereinander verschieden;
3. $a_{12} < a_{21} < a_{41} < a_{14}$.

Ich will untersuchen, was diese über die drei unabhängigen Variablen a_{21}, a_{41}, a_{14} aussagen.

Aus den vier Ungleichungen

$$a_{12} = \frac{3}{2} s - 2 - a_{21} - a_{41} - a_{14} \leqq a_{21} - 1$$

$$a_{21} \leqq a_{41} - 1$$

$$a_{41} \leqq a_{14} - 1$$

$$a_{14} = \frac{s}{2} - a_{32} \leqq \frac{s}{2} - 2$$

folgt:

$$\left.\begin{aligned} \frac{1}{4}(3s - 2 - 2a_{41} - 2a_{14}) \leqq a_{21} \leqq a_{41} - 1 \\ \frac{1}{6}(3s + 2 - 2a_{14}) \leqq a_{41} \leqq a_{14} - 1 \\ \frac{3}{8} s + 1 \leqq a_{14} \leqq \frac{s}{2} - 2 \\ s \geqq 24 \end{aligned}\right\} (+)$$

$$a_{11} = 1 < a_{32} < a_{23} < a_{43} < a_{34} < a_{13} < a_{42} < a_{22} < a_{41} < a_{14} < a_{33} = \frac{s}{2} - 1$$

$$a_{23} < a_{44} < a_{24} < a_{31} < a_{42}$$

$$a_{43} < a_{31} < a_{12} < a_{21} < a_{41}$$

$$a_{43} < a_{24} < a_{13} < a_{42} < a_{21} < a_{41}\,.$$

Einige der $\binom{16}{2}$ Ungleichungen $a_{ik} \neq a_{jl}$ (für $(i, k) \neq (j, l)$) sind in ihnen nicht enthalten:

$$a_{12} \neq a_{13} \; (a_{34} \neq a_{31})$$
$$a_{12} \neq a_{22} \; (a_{34} \neq a_{44})$$
$$a_{12} \neq a_{34}$$
$$a_{12} \neq a_{42} \; (a_{34} \neq a_{24})$$
$$a_{13} \neq a_{31}$$
$$a_{21} \neq a_{22} \; (a_{43} \neq a_{44}) \,.$$

Diese 6 Ungleichungen sagen aus:

$$\left.\begin{array}{l} a_{14} + 2\,(a_{41} + a_{21}) \neq 2\,s - 3 \\ a_{21} + 2\,(a_{14} + a_{41}) \neq 2\,s - 3 \\ a_{14} + a_{41} + a_{21} \neq \frac{5}{4}\,s - 2 \\ a_{41} + 2\,(a_{14} + a_{21}) \neq 2\,s - 3 \\ a_{41} + a_{21} \neq \frac{3}{4}\,s - 1 \\ a_{14} + a_{41} - a_{21} \neq \frac{s}{2} - 1 \end{array}\right\} (++)$$

Ich finde: Im Normalquadrat liegen die Elemente a_{14}, a_{41} und a_{21} in den Intervallen (+) und genügen den Ungleichungen (++).

Auch das Umgekehrte gilt: Wenn drei Werte a_{14}, a_{41} und a_{21} in den Intervallen (+) liegen und die Ungleichungen (++) erfüllen, läßt sich aus ihnen mit den in 9. aufgestellten Gleichungen ein Normalquadrat bilden.

Ergebnis: Ein Wertetripel (a_{14}, a_{41}, a_{21}) führt dann und nur dann zu einem Normalquadrat, wenn es den Ungleichungen (+) und (++) genügt.

An Stelle der Normalquadrate kann man die ihnen entsprechenden Zahlentripel (a_{14}, a_{41}, a_{21}) zählen.

13. Das Gitterpunktproblem

Ich setze $s = 2(t + 12)$, wobei t eine ganze Zahl $\geqq 0$ ist. Dann kann ich schreiben:

$a_{14} = \frac{s}{2} - 2 - x = t + 10 - x$, wenn x eine ganze Zahl aus dem Intervall $0 \ldots \frac{t}{4}$ ist;

$a_{41} = a_{14} - 1 - y = t + 9 - x - y$, wenn y eine ganze Zahl aus dem Intervall $0 \ldots \frac{1}{3}(t - 4x)$ ist;

$a_{21} = a_{41} - 1 - z = t + 8 - x - y - z$, wenn z eine ganze Zahl aus dem Intervall $0 \ldots \frac{1}{2}(t - 4x - 3y)$ ist.

Führe ich in den Ungleichungen (++) die Variablen x, y und z ein, so erhalte ich:

$$
\begin{array}{ll}
5x + 4y + 2z \neq t - 1 & 5x + 3y + 2z \neq t \\
5x + 3y + z \neq t + 1 & 2x + 2y + z \neq \frac{t}{2} \\
3x + 2y + z \neq \frac{t}{2} - 1 & x - z \neq 0.
\end{array}
$$

Die Anzahl der zur Reihensumme $s = 2(t + 12)$ gehörenden Normalquadrate ist ebenso groß wie die der Wertetripel (x, y, z), deren Komponenten ganze Zahlen aus den Intervallen

$$0 \leqq x \leqq \frac{t}{4}, \quad 0 \leqq y \leqq \frac{1}{3}(t - 4x), \quad 0 \leqq z \leqq \frac{1}{2}(t - 4x - 3y)$$

sind und keine der sechs Gleichungen

$$
\begin{array}{ll}
1.\ 5x + 4y + 2z = t - 1 & 4.\ x - z = 0 \\
2.\ 5x + 3y + 2z = t & 5.\ 2 \cdot (3x + 2y + z) = t - 2 \\
3.\ 5x + 3y + z = t + 1 & 6.\ 2 \cdot (2x + 2y + z) = t
\end{array}
$$

erfüllen.

Durch die Intervallbedingungen ist im xyz-Raum ein *Tetraeder* gegeben. Es hat die Eckpunkte

$$(0,0,0),\quad \left(\frac{t}{4},0,0\right),\quad \left(0,\frac{t}{3},0\right),\quad \left(0,0,\frac{t}{2}\right).$$

Die sechs linearen Gleichungen beschreiben die Ebenen $E_1, \ldots, E_6$, die ich als *die kritischen Ebenen* bezeichne.

Die Normalquadrate sind umkehrbar eindeutig auf diejenigen Gitterpunkte, d. h. auf diejenigen Punkte mit ganzzahligen Koordinaten abgebildet, die im Innern oder auf dem Rande des Tetraeders liegen und keiner kritischen Ebene angehören. Die Zahl dieser Gitterpunkte will ich bestimmen.

Ich berechne die Anzahl l der Tetraedergitterpunkte und die Zahlen $m_i, m_{ij}, m_{ijk}, \ldots$ der auf der Ebene E_i liegenden bzw. den Ebenen $E_i, E_j,\ E_i, E_j, E_k,\ \ldots$ gemeinsamen Tetraedergitterpunkte. Dann bilde ich die Summe

$$l - \sum_i m_i + \sum_{(i,j)} m_{ij} - \sum_{(i,j,k)} m_{ijk} + - \ldots$$

Ein Tetraedergitterpunkt, der r kritischen Ebenen angehört, liefert zu ihr den Beitrag

$$1 - r + \binom{r}{2} - \binom{r}{3} + - \ldots + (-1)^r \binom{r}{r} = \sum_{\nu=0}^{r} (-1)^\nu \binom{r}{\nu} = (1-1)^r.$$

Dieser ist gleich 1 für $r = 0$ und gleich 0 für $r \geqq 1$. Infolgedessen ist die Anzahl der Normalquadrate gleich

$$f(s) = l - \sum_i m_i + \sum_{(i,j)} m_{ij} - + \ldots$$

14. *Die Schnittgebilde der sechs kritischen Ebenen*

Die sechs kritischen Ebenen schneiden sich in $\binom{6}{2} = 15$ Geraden. Diejenigen Schnittgeraden, auf denen Tetraederpunkte liegen, nenne ich *kritische Geraden*. Ich will jetzt untersuchen, welche Schnittgeraden kritisch sind und welche nicht. Dabei verwende ich für die Schnittgerade der Ebenen E_i und E_j die Bezeichnung g_{ij}.

g_{12} liegt in der Ebene $y = -1$
g_{13} liegt in der Ebene $y + z = -2$
g_{14} ist kritisch

---

g_{15} liegt in der Ebene $x = -1$
g_{16} liegt in der Ebene $x = -1$
g_{23} liegt in der Ebene $z = -1$
g_{24} ist kritisch

---

g_{25} liegt in der Ebene $x + y = -2$
g_{26} ist kritisch

---

g_{34} liegt in der Ebene $4x + 3y + 2z = t + 1$, also über der Deckebene $4x + 3y + 2z = t$ des Tetraeders
g_{35} liegt in der Ebene $x + y + z = -3$
g_{36} ist kritisch

---

g_{45} ist kritisch

---

g_{46} ist kritisch

---

g_{56} liegt in der Ebene $x = -1$.

Es gibt sechs kritische Geraden: g_{14}, g_{24}, g_{26}, g_{36}, g_{45}, g_{46}.

Wenn sich drei kritische Ebenen E_i, E_j und E_k in einem Tetraederpunkt schneiden, sind die drei Geraden g_{ij}, g_{jk} und g_{ik} kritisch.

Daraus folgt: Nur der Schnittpunkt P_{246} der drei Ebenen E_2, E_4 und E_6 kann kritisch sein, d. h. dem Tetraeder angehören. Ich zeige später, daß er tatsächlich ein Tetraederpunkt ist.

Die Anzahlformel besitzt daher die Gestalt:

$$f(s) = l - (m_1 + m_2 + m_3 + m_4 + m_5 + m_6) + (m_{14} + m_{24} + m_{26} + m_{36} + m_{45} + m_{46}) - m_{246}.$$

15. *Die Zahl l*

Ich nehme an, t genüge den folgenden Kongruenzen:

$$t \equiv 4h + 2g + f \ (8), \quad \text{wo } h, g, f = 0, 1 \text{ ist;}$$
$$t \equiv f_1 \ (3), \quad \text{wo } 1 \geqq f_1 \geqq -1 \text{ ist;}$$
$$t \equiv f_2 \ (5), \quad \text{wo } 2 \geqq f_2 \geqq -2 \text{ ist;}$$
$$t \equiv f_3 \ (7), \quad \text{wo } 3 \geqq f_3 \geqq -3 \text{ ist.}$$

Durch die sechs Zahlen f, g, h, f_1, f_2, f_3 ist die Restklasse, der t nach dem Modul 840 angehört, eindeutig bestimmt.

Um die Zahl l zu berechnen, setze ich

$$t = 12u + 4a_1 + 2a_2 + a_3 = 12u + r_{12},$$

wo $0 \leqq a_1 \leqq 2$, $a_2, a_3 = 0, 1$ ist.

$P(x, y)$ sei irgendein Gitterpunkt der Tetraedergrundfläche; aus der durch ihn hindurchgehenden z-achsenparallelen Geraden schneidet das Tetraeder die Strecke

$$x/y/0 \leqq z \leqq \frac{1}{2}(t - 4x - 3y)$$
$$= 6u + 2a_1 + a_2 - 2x + \frac{1}{2}(a_3 - 3y)$$

heraus.

Ich setze: $y = 2y_1 + y_2$, wo $y_1 \geqq 0$ und $y_2 = 0, 1$ ist; $6u + 2a_1 - 2x = 2X$, so daß $3u + a_1 \geqq X \geqq 0$ ist, wenn x zwischen den Grenzen 0 und $3u + a_1$ $\left(\text{größte ganze Zahl} \leqq \frac{t}{4}\right)$ variiert.

Dann ist $2X + a_2 - 3y_1 - 2y_2 + a_3 y_2 + 1$ die Anzahl der auf der Strecke liegenden Gitterpunkte.

Wieviel Gitterpunkte liegen in dem zur yz-Ebene parallelen Querschnittsdreieck, dem die betrachtete Strecke angehört? Seine Basis wird von den Punkten

$$y = 0, \quad y = \frac{1}{3}(t - 4x) = X + \frac{1}{3}(X + 2a_2 + a_3)$$
$$= 4X_1 + X_2 + \frac{1}{3}(X_2 + 2a_2 + a_3)$$

begrenzt. (X habe ich durch $3X_1 + X_2$ ersetzt, wo $0 \leqq X_1 \leqq u$, $0 \leqq X_2 \leqq 2$ ist.)

Ist $2Y_1 + Y_2$ $(Y_1 \geqq 0,\ Y_2 = 0,\ 1)$ die größte ganze Zahl $\leqq 4X_1 + X_2 + \frac{1}{3}(X_2 + 2a_2 + a_3)$, so ist die gesuchte Zahl l' im Falle

$$\text{a) } Y_2 = 0: \ = \sum_{y_1=0}^{Y_1-1} (4X + 2a_2 - 6y_1 + a_3) + (2X + a_2 - 3Y_1 + 1)$$
$$= Y_1(4X + 2a_2 + a_3 - 3Y_1 + 3) + (2X + a_2 - 3Y_1 + 1)$$

$$\text{b) } Y_2 = 1: \ = \sum_{y_1=0}^{Y_1} (4X + 2a_2 - 6y_1 + a_3)$$
$$= (Y_1 + 1)(4X + 2a_2 + a_3 - 3Y_1).$$

Es gilt: $4X_1 \leqq 2Y_1 + Y_2 \leqq 4X_1 + 3$.

Darum habe ich die vier Fälle zu unterscheiden:

$$2Y_1 + Y_2 = 4X_1 \quad : \ l' = 2X_1(6X_1 + 4X_2 + 2a_2 + a_3 + 3) + (2X_2 + a_2 + 1)$$
$$= 4X_1 + 1: \ l' = (2X_1 + 1)(6X_1 + 4X_2 + 2a_2 + a_3)$$
$$= 4X_1 + 2: \ l' = (2X_1 + 1)(6X_1 + 4X_2 + 2a_2 + a_3) + (2X_2 + a_2 - 2)$$
$$= 4X_1 + 3: \ l' = (2X_1 + 2)(6X_1 + 4X_2 + 2a_2 + a_3 - 3)$$

Im Falle

$$X_2 = 0 \text{ ist } l' = (2X_1 + a_2 a_3)(6X_1 + 2a_2 + a_3 + 3 - 3a_2 a_3) + (a_2 + 1)(1 - a_2 a_3)$$
$$X_2 = 1 \text{ ist } l' = (2X_1 + 1)(6X_1 + 2a_2 + a_3 + 4) + a_2$$
$$X_2 = 2 \text{ ist } l' = (2X_1 - a_2 a_3 + a_2 + a_3 + 1)(6X_1 + 3a_2 a_3 - a_2 - 2a_3 + 8) + 2(1 - a_2)(1 - a_3)$$

In dem Dreieck, das die Ebene $x = 3(u - X_1) + (a_1 - X_2)$ aus dem Tetraeder ausschneidet, liegen also im Falle

$X_2 = 0 \qquad 12X_1^2 + 2X_1(2a_2 + a_3 + 3) + a_2(1 + a_3) + 1$

$X_2 = 1 \qquad 12X_1^2 + 2X_1(2a_2 + a_3 + 7) + (3a_2 + a_3 + 4)$

$X_2 = 2 \qquad 12X_1^2 + 2X_1(2a_2 + a_3 + 11) + (4a_2 + 2a_3 + 10)$

Gitterpunkte.

Die drei zu dem gleichen Wert X_1 gehörigen Querschnitte enthalten

$$l'(X_1, 0) + l'(X_1, 1) + l'(X_1, 2)$$
$$= 36X_1^2 + 6X_1(2a_2 + a_3 + 7) + (8a_2 + 3a_3 + a_2a_3 + 15)$$

Gitterpunkte.

Daraus folgt:

$$l = \sum_{X_1=0}^{u} (36X_1^2 + 6X_1(2a_2 + a_3 + 7) + (8a_2 + 3a_3 + a_2a_3 + 15)) + R$$
$$= 12u^3 + 3u^2(2a_2 + a_3 + 13) + u(14a_2 + 6a_3 + a_2a_3 + 42)$$
$$+ (8a_2 + 3a_3 + a_2a_3 + 15) + R$$

$$R = -\frac{1}{2}(a_1 - 1)(a_1 - 2) \cdot l'(u, 1) + \frac{1}{2}(a_1 + 1)(a_1 - 2) \cdot l'(u, 2)$$

Ersetze ich u durch $\frac{1}{12}(t - r_{12})$ und drücke ich die Konstanten a_1, a_2, a_3 durch die Zahlen f, g, f_1 aus, so erhalte ich:

$$l = \frac{1}{144}(t^3 + 15t^2 + 9(8-f)t + 144 - 63f - 36g(1-f) + 8f_1(1-3f_1))$$

16. Die Zahlen m_i

Die Ebene $\underline{E_1}$ ist durch die Gleichung $\underline{5x + 4y + 2z = t - 1}$ gegeben.

$$2z = t - 1 - 5x - 4y \leqq t - 4x - 3y \quad \text{für} \quad x + y \geqq -1$$

$$2z = t - 1 - 5x - 4y \geqq 0 \quad \text{für} \quad 5x + 4y \leqq t - 1$$

$$5x + 4y = t - 1: \; x = 0, \; y = \frac{1}{4}(t - 1); \;\; y = 0, \; x = \frac{1}{5}(t - 1)$$

Bei festem $x \equiv t-1(2)$ aus dem Intervall $0 \ldots \frac{1}{5}(t-1)$ bestimme ich die Anzahl m_1' der ganzzahligen y-Werte, die zwischen den Grenzen 0 und $\frac{1}{4}(t-1-5x)$ liegen; dann summiere ich $m_1'(x)$ über alle zulässigen x-Werte.

Ich setze $t = 20u + 4b_1 + 2b_2 + b_3 = 20u + r_{20}$, wo $u \geq 0$, $0 \leq b_1 \leq 4$, $b_2, b_3 = 0, 1$ ist;
$x = 4x_1 + 2x_2 + x_3$, wo $x_1 \geq 0$, $x_2, x_3 = 0, 1$ ist.

x_3 ergibt sich aus der Kongruenz:

$$x = 4x_1 + 2x_2 + x_3 \equiv 20u + 4b_1 + 2b_2 + b_3 - 1 \; (2)$$
$$\underline{x_3 = 1 - b_3}$$

Dann ist $1 - b_3 \leq x \leq 4u - 1 - b_3 + 2k$,

$$\text{wo } k = \begin{cases} 0 \\ 1 \\ 2 \end{cases} \text{für } r_{20} = \begin{cases} 0, 2, 4 \\ 1, 3, 5, \ldots, 10, 12, 14 \\ 11, 13, 15, \ldots, 19 \end{cases} \text{ist.}$$

Bei festem x gilt:

$$0 \leq y \leq 5u + b_1 + b_3 - 1 - 5x_1 - 2x_2 + \frac{1}{2}(b_2 + b_3 - x_2 - 1).$$

In diesem Intervall liegen

$$m_1' = 5u + b_1 + b_3 - 1 + b_2 b_3 - 5x_1 - 2x_2 + (1 - x_2)(b_2 - 2b_2 b_3 + b_3)$$

ganze Zahlen.

$$m_1'(x_1, 0) + m_1'(x_1, 1) = 10u + 2b_1 + b_2 + 3b_3 - 4 - 10x_1$$

$$m_1 = \sum_{x_1=0}^{u-1} (10u + 2b_1 + b_2 + 3b_3 - 4 - 10x_1) + R_1$$
$$= u(5u + 2b_1 + b_2 + 3b_3 + 1) + R_1,$$

$$\text{wo } R_1 = \begin{cases} 0 \\ b_1 + b_3 - (1 - b_2)(1 - b_3) \\ 2b_1 + b_2 + 3b_3 - 4 \end{cases} \text{ist für } k = \begin{cases} 0 \\ 1 \\ 2 \end{cases}.$$

Wenn ich u durch $\frac{1}{20}(t - r_{20})$ ersetze und b_1, b_2, b_3 durch f, g, f_2 ausdrücke, erhalte ich die Formel:

$$m_1 = \frac{1}{80}\Big(t^2 + (4 + 10f)\,t + 5\,(13f - 8fg + 4g) + \frac{2}{3} f_2(1 - f_2)\,(34 + 5f_2 - 5f_2^2)\Big)$$

Im Falle $t = 0$ ist das Tetraeder auf einen Punkt zusammengeschrumpft und wird von der Ebene nicht berührt. Die Formel bringt diese Tatsache zum Ausdruck, indem sie für $t = 0$ den Wert $m_1 = 0$ liefert.

Die Ebene E_2 wird durch die Gleichung $5x + 3y + 2z = t$ beschrieben.

$$2z = t - 5x - 3y \leqq t - 4x - 3y \quad \text{für} \quad x \geqq 0$$

$$2z = t - 5x - 3y \geqq 0 \quad \text{für} \quad 5x + 3y \leqq t$$

$$5x + 3y = t: \; x = 0, \quad y = \frac{t}{3}; \quad y = 0, \quad x = \frac{t}{5}.$$

Ich bestimme bei festem ganzzahligen x aus dem Intervall $0 \ldots \frac{t}{5}$ die Anzahl m_2' derjenigen y-Werte zwischen den Grenzen 0 und $\frac{1}{3}(t - 5x)$, die der Kongruenz genügen: $y \equiv t + x\,(2)$.

Ich setze $t = 30u + 6c_1 + 3c_2 + c_3 = 30u + r_{30}$, wo $u \geqq 0$, $0 \leqq c_1 \leqq 4$, $c_2 = 0, 1$, $0 \leqq c_3 \leqq 2$ ist;
$x = 6x_1 + x_2$, wo $x_1 \geqq 0$, $0 \leqq x_2 \leqq 5$ ist;
$y = 2y_1 + y_2$, wo $y_1 \geqq 0$, $y_2 = 0, 1$ ist.
(y_2 ist die kleinste positive Lösung der Kongruenz $Y \equiv c_2 + c_3 + x_2\;(2)$.)

Für y habe ich bei festem x das Intervall:

$$0 \leqq y \leqq 2(5u - 5x_1 + c_1 - x_2) + (c_2 + c_3 + x_2) - \frac{2}{3}(c_3 + x_2).$$

Ist y_3 die kleinste gerade Zahl, die $\geqq \frac{2}{3}(c_3 + x_2)$ ist, so ist

$$m_2' = 5u - 5x_1 + c_1 - x_2 + 1 + \frac{1}{2}(c_2 + c_3 + x_2 - y_2 - y_3)$$

$$\sum_{x_2=0}^{5} m_2'(x_1, x_2) = 30(u - x_1) + 6c_1 + 3c_2 + c_3 - 10$$

$$m_2 = \sum_{x_1=0}^{u-1} (30u - 30x_1 + 6c_1 + 3c_2 + c_3 - 10) + R_2$$

$$= u(15u + 5 + r_{30}) + R_2$$

$$= \frac{1}{60}(t - r_{30})(t + r_{30} + 10) + R_2 = \frac{1}{60}(t^2 + 10t - r_{30}(r_{30} + 10)) + R_2.$$

Drücke ich r_{30} und R_2 durch f, f_1, f_2 aus, so erhalte ich:

$$m_2 = \frac{1}{60}(t^2 + 10t + 60 - 15f - 10f_1(1 + f_1) - 2f_2^2(23 - 5f_2^2))$$

Für die Ebene E_3 besteht die Gleichung $5x + 3y + z = t + 1$.

$$2z = 2t + 2 - 10x - 6y \leqq t - 4x - 3y \quad \text{für} \quad 6x + 3y \geqq t + 2$$

$$z = t + 1 - 5x - 3y \geqq 0 \quad \text{für} \quad 5x + 3y \leqq t + 1$$

$$6x + 3y = t + 2: \quad x = 1, \quad y = \frac{1}{3}(t - 4) = \frac{1}{3}(t - 4x);$$

$$y = 0, \quad x = \frac{1}{6}(t + 2)$$

$$5x + 3y = t + 1: \quad x = 1, \quad y = \frac{1}{3}(t - 4) = \frac{1}{3}(t - 4x);$$

$$y = 0, \quad x = \frac{1}{5}(t + 1).$$

Ich lasse y im Intervall $0 \leqq y \leqq \frac{1}{3}(t - 4)$ variieren und bestimme bei festem ganzzahligen y die Anzahl der zwischen den Grenzen $\frac{1}{6}(t + 2 - 3y)$ und $\frac{1}{5}(t + 1 - 3y)$ liegenden x-Werte.

Ich setze $t = 30u + 6c_1 + 3c_2 + c_3 = 30u + r_{30}$.

Dann ist $0 \leqq y \leqq 10u + 2c_1 + c_2 - 1 - \frac{1}{2}(c_3 - 1)(c_3 - 2)$.

Schreibe ich y in der Gestalt $y = 10y_1 + 5y_2 + y_3$, wo $y_1 \geqq 0$, $y_2 = 0, 1$, $0 \leqq y_3 \leqq 4$ ist, so habe ich für x das Intervall

$$5u + c_1 - 5y_1 - 3y_2 - y_3 + \frac{1}{6}(3c_2 + c_3 + 2 + 3y_2 + 3y_3)$$
$$\leqq x \leqq 6u + c_1 - 6y_1 - 3y_2 + \frac{1}{5}(c_1 + 3c_2 + c_3 + 1 - 3y_3).$$

x nimmt dort $u - y_1 + y_3 + 1 + (z_2 - z_1)$ ganzzahlige Werte an; z_1 ist die kleinste ganze Zahl $\geqq \frac{1}{6}(3c_2 + c_3 + 2 + 3y_2 + 3y_3)$, z_2 die größte ganze Zahl $\leqq \frac{1}{5}(c_1 + 3c_2 + c_3 + 1 - 3y_3)$.

$$\sum_{5y_2 + y_3 = 0}^{9} (u - y_1 + y_3 + 1 + z_2 - z_1)$$
$$= 10(u - y_1) + 2c_1 + c_2 + 2c_3 - 4 - \frac{5}{2}c_3(c_3 - 1)$$

$$m_3 = \sum_{y_1 = 0}^{u-1} \left(10u - 10y_1 + 2c_1 + c_2 + 2c_3 - 4 - \frac{5}{2}c_3(c_3 - 1)\right) + R_3$$
$$= u\left(5u + 2c_1 + c_2 + 2c_3 + 1 - \frac{5}{2}c_3(c_3 - 1)\right) + R_3.$$

Wenn ich u durch $\frac{1}{30}(t - r_{30})$ ersetze, erhalte ich:

$$m_3 = \frac{1}{180}(t - r_{30})\left(t + r_{30} + 6 - 5c_3(3c_3 - 5)\right) + R_3$$
$$= \frac{1}{180}\left(t^2 + 6t - 5c_3(3c_3 - 5)t - r_{30}^2 - 6r_{30} + 5c_3(3c_3 - 5)r_{30}\right) + R_3.$$

Verwende ich die Konstanten f, f_1 und f_2, so gelange ich zu der Formel:

$$\underline{m_3 = \frac{1}{180}\Big(t^2 + 2(3 + 5f_1)t + 45f - 90ff_1^2}$$
$$\underline{+ 10f_1(3 + 7f_1) - \frac{3}{2}f_2(1 + f_2)(34 - 5f_2 - 5f_2^2)\Big)}$$

Wenn $t < 4$ ist, berührt die Ebene E_3 das Tetraeder nicht; denn es gilt:

$$\frac{1}{5}(t+1) > \frac{t}{4} \quad \text{für } t < 4$$

$$\frac{1}{3}(t+1) > \frac{t}{3} \quad \text{für alle } t$$

$$t+1 > \frac{t}{2} \quad \text{für alle } t.$$

Die Formel gilt auch in diesem Fall, da sie für $t = 0, 1, 2, 3$ den Wert $m_3 = 0$ liefert.

Die Ebene $\underline{E_4}$ genügt der Gleichung $\underline{x - z = 0}$.

$$2z = 2x \leqq t - 4x - 3y \quad \text{für} \quad 6x + 3y \leqq t$$

$$6x + 3y = t\colon\ x = 0,\ y = \frac{t}{3};\ y = 0,\ x = \frac{t}{6}.$$

Ich setze $t = 6u + 3c_2 + c_3 = 6u + r_6$.

Im Intervall $0 \ldots \frac{t}{3} - 2x$ liegen $2u + c_2 + 1 - 2x$ ganzzahlige y-Werte. Daher ist

$$\begin{aligned} m_4 &= \sum_{x=0}^{u} (2u + c_2 + 1 - 2x) = (u+1)(u + c_2 + 1) \\ &= \frac{1}{36}(t - r_6 + 6)(t - r_6 + 6c_2 + 6) \\ &= \frac{1}{36}(t - r_6 + 6)(t + r_6 + 6 - 2c_3) \\ &= \frac{1}{36}(t^2 + 12t - 2c_3 t + 36 - r_6^2 + 2c_3 r_6 - 12c_3) \\ &= \frac{1}{36}(t^2 + 12t + f_1(1 - 3f_1)t + 36 - 9f - 20f_1^2 + 9ff_1(1 + f_1)) \end{aligned}$$

Die Ebene $\underline{E_5}$ ist durch die Gleichung $\underline{3x + 2y + z = \frac{t}{2} - 1}$ bestimmt. Auf ihr liegen nur im Falle $t \equiv 0(2)$ Gitterpunkte.

$$2z = t - 2 - 6x - 4y \leqq t - 4x - 3y \quad \text{für} \quad 2x + y \geqq -2$$

$$2z = t - 2 - 6x - 4y \geqq 0 \quad \text{für} \quad 6x + 4y \leqq t - 2$$

$$6x + 4y = t - 2\colon\ x = 0,\ y = \frac{1}{4}(t-2);\ y = 0,\ x = \frac{1}{6}(t-2)$$

Ich setze $t = 12u + 4a_1 + 2a_2 = 12u + r_{12}$.

Zwischen den Grenzen $0 \ldots 3u + a_1 - x + \frac{1}{2}(a_2 - x - 1)$ liegen $3u + a_1 - 3x_1 - x_2 + a_2(1 - x_2)$ ganzzahlige y-Werte, wenn $x = 2x_1 + x_2$ $(x_1 \geqq 0,\ x_2 = 0,\ 1)$ ist. Für x habe ich das Intervall $0 \ldots 2u + \frac{1}{3}(2a_1 + a_2 - 1)$.

$$\begin{aligned} m_5 &= \sum_{x_1=0}^{u-1} (6u + 2a_1 - 6x_1 - 1 + a_2) \quad + \frac{1}{2} a_1(a_1 + 1) + a_2 \\ &= u(3u + 2a_1 + a_2 + 2) + \frac{1}{2} a_1(a_1 + 1) + a_2 \\ &= \frac{1}{48}(t - r_{12})(t + r_{12} + 8) + \frac{1}{2} a_1(a_1 + 1) + a_2 \\ &= \frac{1}{48}(t^2 + 8t - r_{12}^2 - 8r_{12}) + \frac{1}{2} a_1(a_1 + 1) + a_2. \end{aligned}$$

Führe ich die Größen f, g, f_1 ein, so erhalte ich endgültig:

$$\underline{m_5 = \frac{1-f}{48}(t^2 + 8t + 12g - 8f_1(1 - f_1))}$$

Auch im Falle $t < 2$, in dem die Ebene E_5 keine Punkte des Tetraeders enthält, liefert die Formel den richtigen Wert.

Für die Ebene $\underline{E_6}$ gilt die Gleichung $\underline{2x + 2y + z = \frac{t}{2}}$. Ihr genügen nur dann ganzzahlige Wertetripel x, y, z, wenn $t \equiv 0\,(2)$ ist.

$$\begin{aligned} &2z = t - 4x - 4y \leqq t - 4x - 3y \quad \text{für} \quad y \geqq 0 \\ &2z = t - 4x - 4y \geqq 0 \quad \text{für} \quad 4x + 4y \leqq t \\ &\qquad 4x + 4y = t\colon\ x = 0,\ y = \frac{t}{4};\quad y = 0,\ x = \frac{t}{4}. \end{aligned}$$

Ich setze $t = 4u + 2a_2 = 4u + r_4$.

$m_6 =$ Zahl der Gitterpunkte, die in dem Dreieck $x \geqq 0$, $y \geqq 0$, $x + y \leqq u$ liegen.

$$\begin{aligned} m_6 = \sum_{x=0}^{u} (u - x + 1) = \sum_{x=1}^{u+1} x &= \frac{1}{2}(u + 1)(u + 2) \\ &= \underline{\frac{1-f}{32}(t^2 + 4(3 - g)t + 4(8 - 5g))} \end{aligned}$$

$$\sum_{i=1}^{6} m_i = \frac{1}{96}(11-5f)t^2 + \frac{1}{24}(27-10f-3g(1-f)+2f_1(1-f_1))t$$
$$+\frac{1}{4}f_2^2(f_2^2-5) - \frac{1}{6}f_1(1+f_1) + \frac{5}{12}ff_1(1-f_1) - \frac{7}{16}f - \frac{1}{8}g(1+f) + 3$$

17. *Die Zahlen m_{ij}*

$$E_1: 5x + 4y + 2z = t - 1$$
$$E_4: x \qquad - z = 0$$
$$7x + 4y \qquad = t - 1 \quad x = 0, \; y = \frac{1}{4}(t-1);$$
$$y = 0, \; x = \frac{1}{7}(t-1)$$

$t = 28u + 4d_1 + 2d_2 + d_3 = 28u + r_{28}$, wo $u \geq 0$, $0 \leq d_1 \leq 6$, $d_2, d_3 = 0, 1$ ist.

m_{14} ist die Anzahl derjenigen ganzzahligen x-Werte aus dem Intervall $0 \ldots 4u + \frac{1}{7}(4d_1 + 2d_2 + d_3 - 1)$, die der Kongruenz genügen: $3x \equiv t - 1\,(4)$.

Ich setze $x = 4x_1 + x_2$ und bestimme x_2 als kleinste positive Lösung der Kongruenz $3X \equiv 2d_2 + d_3 - 1\,(4): x_2 = 1 + 2d_2 - d_3$.

$4x_1 + 1 + 2d_2 - d_3$ nimmt im vorgeschriebenen Intervall $u + R_{14}$ Werte an, wobei

$$R_{14} \text{ für } r_{28} = \begin{cases} 0, 2, 3, 4, 6, 7, 10, 11, 14, 18 \\ 1, 5, 8, 9, 12, 13, 15, 16, 17, 19, \ldots, 27 \end{cases} \text{gleich} \begin{cases} 0 \\ 1 \end{cases} \text{ist.}$$

Ich ersetze u durch $\frac{1}{28}(t - r_{28})$ und stelle die Größen r_{28} und R_{14} als Funktionen von f, g, f_3 dar:

$$m_{14} = \frac{1}{28}\Big(t + 28 + 7f - 14g - 8f_3 - \frac{7}{15}(1-f_3)(2-f_3)(3-f_3)$$
$$- \frac{7}{20}(1-f_3)(2+f_3)(4-f_3^2)(9-f_3^2)\Big)$$

Im Falle $t = 0$ verläuft die Gerade g_{14} außerhalb des „Tetraeders", und die Formel liefert den Wert $m_{14} = 0$.

$$\begin{array}{l} E_2: 5x + 3y + 2z = t \\ E_4: \ x \qquad - z = 0 \\ \hline \end{array}$$

$$7x + 3y \qquad = t \quad x = 0, \ y = \frac{t}{3}; \ y = 0, \ x = \frac{t}{7}$$

$t = 21u + 3e_1 + e_2 = 21u + r_{21}$, wo $u \geqq 0$, $0 \leqq e_1 \leqq 6$, $0 \leqq e_2 \leqq 2$ ist.

Ich zähle die x-Werte des Intervalles $0 \ldots 3u + \frac{1}{7}(3e_1 + e_2)$, die der Kongruenz genügen: $x \equiv t\,(3)$.

Ich setze $x = 3x_1 + e_2$; x_1 bewegt sich zwischen den Grenzen 0 und $u + R_{24}$, wo

$$R_{24} \text{ für } r_{21} = \begin{cases} 1, 2, 4, 5, 8, 11 \\ 0, 3, 6, 7, 9, 10, 12, \ldots, 20 \end{cases} \text{gleich} \begin{cases} -1 \\ \ \ 0 \end{cases} \text{ist.}$$

Demnach ist $m_{24} = u + 1 + R_{24} =$

$$\underline{\frac{1}{21}\Big(t + 21 + \frac{7}{2} f_1(1 - 3f_1) + 6f_3} \\ \underline{- \frac{7}{120} f_3(1 + f_3)(2 + f_3)(3 + f_3)(5f_3^2 - 27f_3 + 37)\Big)}$$

$$\begin{array}{l} E_2: 5x + 3y + 2z = t \\ E_6: 4x + 4y + 2z = t \\ \hline \end{array}$$

$$x - y \qquad = 0 \quad x = 0, \ y = 0; \ z = 0: \ x = y = \frac{t}{8}$$

$t = 8u + 4h + 2g = 8u + r_8$

m_{26} ist die Anzahl der ganzzahligen x-Werte im Intervall $0 \ldots u$.

Also gilt: $\underline{m_{26}} = u + 1 = \underline{\frac{1-j}{8}(t - 4h - 2g + 8)}$

$$\begin{array}{l} E_3: 5x + 3y + \ z = t + 1 \\ E_6: 4x + 4y + 2z = t \\ \hline \end{array}$$

$$6x + 2y \qquad = t + 2 \quad 4x + 4y \leqq t: \ x \geqq \frac{1}{8}(t + 4)$$

$$x = \frac{1}{8}(t + 4); \ y = \frac{1}{8}(t - 4),$$

$$y = 0, \ x = \frac{1}{6}(t + 2)$$

$t = 24u + 8v + 4h + 2g$, wo $0 \leqq v \leqq 2$ ist.

Die Variable x liegt im Intervall

$$3u+v+1+gh \dots 4u+v+\frac{1}{2}(v-1)(v-2)h - v(v-2)(g-gh+h) + \frac{1}{2}v(v-1)(1+gh),$$

da sie nur ganzzahlige Werte annehmen kann. Daraus folgt:

$$m_{36} = u - gh + \dots = \frac{1-f}{24}(t + 8f_1 + 6g - 24gh + 12h).$$

Ist $t < 4$, so enthält die Gerade g_{36} keinen Tetraederpunkt. Die Formel gilt auch in diesem Falle, denn sie liefert für $t = 0, 1, 2, 3$ den Wert $m_{36} = 0$.

$$E_4: x \quad - z = 0$$
$$E_5: 6x + 4y + 2z = t - 2$$
$$8x + 4y \quad = t - 2 \quad x = 0,\ y = \frac{1}{4}(t-2);\ y = 0,\ x = \frac{1}{8}(t-2)$$

Auf der Geraden können nur dann Gitterpunkte liegen, wenn $t \equiv 2(4)$ ist.

$t = 8u + 4h + 2$

m_{45} ist gleich der Anzahl ganzzahliger x-Werte aus dem Intervall $0 \dots u$:

$$m_{45} = \frac{1}{8}(1-f)g(t - 4h + 6)$$

$$E_4: x \quad - z = 0$$
$$E_6: 4x + 4y + 2z = t$$
$$6x + 4y \quad = t \quad x = 0,\ y = \frac{t}{4};\ y = 0,\ x = \frac{t}{6}$$

$t = 12u + 4a_1 + 2a_2$

x muß der Kongruenz genügen: $2x \equiv t(4)$ und ist deshalb gleich $2x_1 + a_2$ zu setzen, wo x_1 eine ganze Zahl aus dem Intervall $0 \dots u - \frac{1}{2}a_2(a_1 - 1)(a_1 - 2)$ ist.

$$m_{46} = (1-f)\left(u + 1 - \frac{1}{2} a_2 (a_1 - 1)(a_1 - 2)\right)$$
$$= \frac{1-f}{12}(t + 12 - 6g + 2f_1 - 6f_1^2)$$

$$\sum_{(i,j)} m_{ij} = \frac{1}{24}(8 - 6f - 3fg + 3g)t - \frac{1}{4}(7f + fg + g) - \frac{3}{2}(1-f)gh$$
$$+ \frac{1}{3} f_1(2 - 3f_1) + \frac{1}{2} ff_1(f_1 - 1) + \frac{1}{720} f_3(1 - f_3^2)(4 - f_3^2)(3 - f_3) + 3$$

18. Die Zahl m_{246}

Welche Koordinaten besitzt der Schnittpunkt P_{246} der kritischen Ebenen E_2, E_4, E_6?

$$\begin{array}{ll} E_2: 5x + 3y + 2z = t & \cdot 4 \\ E_4: \; x \qquad\quad - z = 0 & \cdot 2 \\ E_6: 4x + 4y + 2z = t & \cdot (-3) \\ \hline 10x \qquad\qquad = t, & x = y = z = \dfrac{t}{10} \end{array}$$

$2z = \frac{t}{5} \leqq t - 4x - 3y = \frac{3t}{10}$; daher ist dieser Punkt ein Tetraederpunkt.

$$\text{Anzahl der kritischen Punkte} = m_{246} = \frac{1-f}{4}(1 - f_2^2)(4 - f_2^2)$$

19. Die Endformel

Jetzt stelle ich die Funktion $f(s) = l - \sum_i m_i + \sum_{(i,j)} m_{ij} - m_{246}$ auf:

$$f(s) = \frac{t^3}{144} + \frac{5f-1}{96} t^2 + \frac{1}{48}(5f - 14 + 12g(1-f) - 4f_1(1-f_1))t$$
$$- \frac{1}{8}(14f + 3g - fg) - \frac{3}{2}(1-f)gh + \frac{1}{9} f_1(8 - 9f_1) - \frac{11}{12} ff_1(1 - f_1)$$
$$+ \frac{1}{2} f_2^2(5 - f_2^2) + \frac{1}{4} f(1 - f_2^2)(4 - f_2^2) + \frac{1}{720} f_3(1 - f_3^2)(4 - f_3^2)(3 - f_3)$$

20. *Die Summationsfunktion*

Ich bilde noch die Summationsfunktion $F(s) = \sum_{s'=24}^{s} f(s')$. Sie gibt an, wieviel verschiedene Normalquadrate existieren, deren Reihensummen $s' \leqq s$ sind.

$$\text{a)} \quad \sum_{t'=0}^{t} \left(\frac{t'^3}{144} - \frac{t'^2}{96} - \frac{7t'}{24} \right) = \underline{\frac{1}{576} (t^4 - 86t^2 - 85t)}$$

Ich verwende die Formeln:

$$\sum_{r=0}^{n} r = \frac{n(n+1)}{2}, \quad \sum_{r=0}^{n} r^2 = \frac{n(n+1)(2n+1)}{6}, \quad \sum_{r=0}^{n} r^3 = \frac{n^2(n+1)^2}{4}$$

$$\text{b)} \quad \frac{5}{96} \sum_{t'=0}^{t} f' t'^2 = \frac{5}{96} \left\{ \sum_{u'=0}^{u-1} (4u'^2 + 4u' + 1) + ft^2 \right\}, \text{ wenn } t' = 2u' + f'$$

ist,
$$= \underline{\frac{5}{576} (t^3 + 3ft^2 + 3ft - t)}$$

$$\text{c)} \quad \frac{5}{48} \sum_{t'=0}^{t} f' t' = \frac{5}{48} \left\{ \sum_{u'=0}^{u-1} (2u' + 1) + ft \right\} = \underline{\frac{5}{192} (t^2 + 2ft + f)}$$

$$\text{d)} \quad \frac{1}{4} \sum_{t'=0}^{t} g'(1 - f')t' = \frac{1}{4} \left\{ \sum_{u'=0}^{u-1} (4u' + 2) + g(t - f) \right\}, \text{ wenn}$$

$t' = 4u' + 2g' + f'$ ist, $= \underline{\frac{1}{32} (t^2 + 4gt - 2ft + 4g - 4gf + f)}$

$$\text{e)} \quad -\frac{1}{12} \sum_{t'=0}^{t} f_1'(1 - f_1')t' = -\frac{1}{12} \left\{ \sum_{u'=0}^{u-1} (-6u' - 4) + f_1(1 - f_1)t \right\},$$

wenn $t' = 3u' + \frac{1}{2} f_1'(3f_1' - 1)$ ist, $= \underline{\frac{1}{36} (t^2 + t - 2f_1 t + f_1^2 - f_1)}$

$$\text{f)} \quad -\frac{1}{8} \sum_{t'=0}^{t} (14f' + 3g' - f'g') = -\frac{33}{8} u - \frac{1}{8} (14f + 2fg + 17g)$$

$$= \underline{-\frac{1}{32} (33t + 23f + 8fg + 2g)}$$

g) $-\frac{3}{2}\sum_{t'=0}^{t}(1-f')g'h' = -\frac{3}{2}(u+gh)$, wenn $t' = 8u'+4h'+2g'+f'$

ist, $$= -\frac{3}{16}(t-4h-2g-f+8gh)$$

h) $$\frac{1}{9}\sum_{t'=0}^{t} f_1'(8-9f_1') = \frac{1}{9}\left(-18u+\frac{1}{2}f_1(17-19f_1)\right)$$

$$= -\frac{1}{18}(12t+f_1^2-11f_1)$$

i) $-\frac{11}{12}\sum_{t'=0}^{t} f'f_1'(1-f_1') = \frac{11}{6}u - \frac{11}{12}ff_1(1-f_1)$, wenn

$t' = 6u'+f_1'+3(f'+f_1'^2-f'f_1'-f'f_1'^2)$ ist,

$$= \frac{11}{36}(t-3f+6ff_1^2-f_1-3f_1^2)$$

j) $\frac{1}{2}\sum_{t'=0}^{t} f_2'^2(5-f_2'^2) = 8u+2f_2-\frac{5}{12}f_2(1-f_2)(2-f_2)(7+3f_2)$,

wenn $t' = 5u'+f_2'-\frac{5}{24}f_2'(1-f_2')(2-f_2')(7+3f_2')$ ist,

$$= \frac{1}{60}(96t+24f_2-5f_2(1-f_2)(2-f_2)(7+3f_2))$$

k) $$\frac{1}{4}\sum_{t'=0}^{t} f'(1-f_2'^2)(4-f_2'^2)$$

$$= u+f-\frac{1}{8}(2f-1)f_2(1+f_2)(2-f_2)(3+f_2),$$

wenn $t' = 10u'+5f'-4f_2'-\frac{5}{12}f_2'(1+f_2')(2+f_2')(3f_2'-7)$

$$-\frac{5}{4}f'f_2'(1+f_2')(2-f_2')(3+f_2')$$ ist,

$$= \frac{1}{10}\left(t+5f+4f_2+\frac{5}{3}f_2(1-f_2^2)-\frac{5}{4}ff_2(1+f_2)(2-f_2)(3+f_2)\right)$$

$$\text{l)}\quad \frac{1}{720}\sum_{t'=0}^{t} f_3'(1-f_3'^2)(4-f_3'^2)(3-f_3')$$

$$= -u + \frac{1}{360} f_3(1-f_3)(2-f_3)(3-f_3)(5f_3^2+27f_3+37),$$

wenn $t' = 7u' + f_3' + \frac{7}{360} f_3'(f_3'-1)(f_3'-2)(f_3'-3)(5f_3'^2+27f_3'+37)$

ist, $$= -\frac{1}{7}(t-f_3)$$

$$F(s) = \frac{t}{576}(t^3+5t^2-37t+15ft+9f+72g-32f_1) - \frac{127}{840}t$$

$$+\frac{1}{64}(-57f-24fg+28g+48h-96gh)+\frac{1}{36}(-34f_1^2+10f_1+66ff_1^2)$$

$$+\frac{4}{5}f_2+\frac{1}{4}f_2(1-f_2)(f_2^2+f_2-4)-\frac{1}{8}ff_2(1+f_2)(2-f_2)(3+f_2)+\frac{1}{7}f_3$$

21. Die Anfangswerte

$s=24$	$t=0$	$f(s)=0$	$F(s)=0$
26	1	0	0
28	2	0	0
30	3	0	0
32	4	0	0
34	5	1	1
36	6	1	2
38	7	3	5
40	8	2	7
42	9	7	14
44	10	5	19
46	11	13	32

$s=48$	$t=12$	$f(s)=9$	$F(s)=41$
50	13	20	61
52	14	17	78
54	15	29	107
56	16	23	130
58	17	46	176
60	18	37	213
62	19	59	272
64	20	47	319
66	21	79	398
68	22	68	466
70	23	106	572

Die Normalquadrate in den Fällen $s = 34$, 36, 38 und 40:

$\underline{s = 34}$:

1	8	10	15
12	13	3	6
7	2	16	9
14	11	5	4

$\underline{s = 36}$:

1	8	11	16
13	14	3	6
7	2	17	10
15	12	5	4

$\underline{s = 38}$:

1	10	11	16
14	13	4	7
8	3	18	9
15	12	5	6

1	9	11	17
13	15	3	7
8	2	18	10
16	12	6	4

1	8	12	17
14	15	3	6
7	2	18	11
16	13	5	4

$\underline{s = 40}$:

1	9	12	18
14	16	3	7
8	2	19	11
17	13	6	4

1	8	13	18
15	16	3	6
7	2	19	12
17	14	5	4

WISSENSCHAFTLICHE ANNALEN

Zur Verbreitung neuer Forschungsergebnisse

herausgegeben von der Deutschen Akademie der Wissenschaften zu Berlin

Als akademische Veröffentlichung wurde der Zeitschrift „Wissenschaftliche Annalen" ein neues Gepräge gegeben:
Wissenschaftler von hohem Rang bringen in allgemein verständlicher Darstellung Originalarbeiten und Berichte aus Forschung und wissenschaftlicher Arbeit der verschiedenen Fachgebiete.

Nachstehend eine Auswahl von Themen der ersten Hefte:

Prof. Hoffmeister:	Plan einer Forschungsreise nach Südwestafrika
Dr. Naas:	Die Forschungsarbeit der Akademie im Jahre 1952
Prof. Grumach:	Aufgaben und Probleme der modernen Goethe-Edition
Prof. Gothan:	Braunkohlenforschungen
Prof. Jung:	Aufbau der lebenden Substanz auf Grund elektronenoptischer Untersuchungen
Prof. Holstein:	Arbeitsmedizinische Probleme im Bergbau
Prof. Hachenberg:	Betrachtung über die Grundlagen des Fernsehens
Prof. Mansfeld:	Zur Systematik in der Botanik
Prof. Unverzagt:	Über die gegenwärtige Vor- und Frühgeschichtsforschung in Deutschland
Prof. Thilo:	Neue Ergebnisse auf dem Forschungsgebiet der anorganischen hochpolymeren Stoffe
Prof. Freundlich:	Der gegenwärtige Stand der Prüfung der Relativitätstheorie
Prof. Ruben:	Alte und neue Wege der Geschichte der indischen Philosophie
Prof. Graffi:	Die krebserregenden Reize oder Cancerogene
Dr.-Ing. Jung:	Physik der Mikrowellen
Prof. Dick:	Der Planetoid Eros
Prof. Grapow:	Sinn und Aufgabe der Erforschung des alten Ägypten

Die Zeitschrift WISSENSCHAFTLICHE ANNALEN erscheint monatlich im Umfang von 64 Seiten zum Preise von DM 1.— je Heft.

Sie ist einzeln oder im Abonnement durch die Deutsche Post oder den Buchhandel zu beziehen.

Probehefte stehen auf Wunsch zur Verfügung

AKADEMIE-VERLAG · BERLIN NW 7

A. J. CHINTSCHIN

DREI PERLEN DER ZAHLENTHEORIE

Bei dem großen Interesse, das die modernen elementaren Methoden in der additiven Zahlentheorie gefunden haben, erschien es erwünscht, die vorliegende Veröffentlichung des bekannten russischen Gelehrten, die die Wirksamkeit dieser Methoden an drei besonders reizvollen zahlentheoretischen Fragestellungen illustriert, einem breiteren Leserkreis zugänglich zu machen.

Die dargelegten Beweise bedienen sich völlig elementarer Mittel, obgleich sie nicht sehr einfach sind. Die Übersetzung erfolgte auf Grund der 2. Auflage, in der der Beweis des Satzes von van der Waerden (Kapitel I) gegenüber der 1. Auflage wesentlich vereinfacht wurde.

62 Seiten — 1951 — Gebunden DM 6.50

FR. A. WILLERS

MATHEMATISCHE MASCHINEN UND INSTRUMENTE

Bei der zunehmenden Anwendung mathematischer Methoden in Technik und Industrie, Statistik und Vermessungswesen werden die mathematischen Instrumente eine immer größere Rolle spielen. Das vorliegende Buch bringt eine Übersicht über die wichtigsten dieser Maschinen und Instrumente und ihre Leistungsfähigkeit. Berücksichtigt wurden u. a. die neuerdings konstruierten Kleinrechenmaschinen und, in einem besonderen Abschnitt, die neuen großen Rechenautomaten, die umfangreiche Rechnungsgänge rein automatisch oft mit großer Geschwindigkeit ausführen. Ferner werden neben Planimetern, Integrimetern und Integraphen auch die neueren Integriermaschinen für Differentialgleichungen behandelt.

XII und 324 Seiten — 1951 — Ganzleinen DM 34.—

H. HASSE

ZAHLENTHEORIE

Dieses Werk, das zu einer Gesamtdarstellung der modernen Zahlentheorie ausgebaut werden soll, enthält die Arithmetik des rationalen Zahlenkörpers, eine ausführliche Theorie der diskret bewerteten perfekten Körper mit endlichem Restklassenkörper und — auf dieser Grundlage entwickelt — die Arithmetik der algebraischen Zahlkörper unter Berücksichtigung auch der algebraischen Funktionenkörper einer Unbestimmten mit endlichem Konstantenkörper.

XII und 470 Seiten — 14 Abbildungen — 1949 — in Halbleinen DM 47.—

Bestellungen an eine Buchhandlung erbeten

AKADEMIE-VERLAG · BERLIN NW 7

BERICHTE ÜBER DIE VERHANDLUNGEN DER SÄCHSISCHEN AKADEMIE DER WISSENSCHAFTEN ZU LEIPZIG

MATHEMATISCH-NATURWISSENSCHAFTLICHE KLASSE

Band 97

Heft 1 **Erich Strack:** Beobachtungen über den endogenen Anteil des Kot-Stickstoffs. 1949 — vergr.

Heft 2 **Ernst Hölder:** Über die Variationsprinzipe der Mechanik der Kontinua. 1950 — vergr.

Heft 3 **H. Gerstner / H. Baark / H. Graul:** Der Wechselstromwiderstand der Froschhaut. 1950 — DM 2.75

Heft 4 **H. Beckert:** Existenz- und Eindeutigkeitsbeweise für das Differenzenverfahren zur Lösung des Anfangswertproblems, des gemischten Anfangs-Randwert- und des charakteristischen Problems einer hyperbolischen Differentialgleichung 2. Ordnung mit zwei unabhängigen Variablen. 1950 — DM 9.—

Heft 5 **H. Beckert:** Über quasilineare hyperbolische Systeme partieller Differentialgleichungen 1. Ordnung mit zwei unabhängigen Variablen. Das Anfangswertproblem, die gemischte Anfangs-Randwertaufgabe, das charakteristische Problem. 1950 — vergr.

Heft 6 **E. Heidebroek:** Das Verhalten von zähen Flüssigkeiten, insbesondere Schmierflüssigkeiten, in engen Spalten. 1952 — DM 5.80

Heft 7 **H. Schubert:** Über eine lineare Integrodifferentialgleichung mit Zusatzkern. 1950 — DM 9.25

Heft 8 **H. Krupp:** Bestimmung der allgemeinen Lösung der Schrödinger Gleichung für Coulomb-Potential. 1950 — DM 5.50

Band 98

Heft 1 **Walter Schnee:** Über magische Quadrate und lineare Gitterpunktprobleme. 1951 — vergr.

Heft 2 **E. Heidebroek:** Über die Beziehungen zwischen Schmierung und Verschleiß bei geschmierter Gleitreibung. 1952 — DM 2.75

Heft 3 **Karl Kegel:** Der Salzstock Mirowo bei Provadia in Bulgarien. 1951 — DM 3.—

Heft 4 **H. Beckert / H. Salié:** Bemerkungen über die Verbiegung hyperbolisch gekrümmter Flächenstücke. Über Abels Verallgemeinerung der binomischen Formel. 1951 — DM 2.25

Heft 5 **Erich Strack:** Die Dauerinfusion als Verfahren zur Erforschung des Kohlenhydratstoffwechsels des Tierkörpers. 1952 — DM 2.—

Band 99

Heft 1 **H. Brandt:** Über das quadratische Reziprozitätsgesetz. 1951 — DM 1.90

Heft 2 **G. Spackeler:** Der Gebirgsdruck und seine Beherrschung durch den Bergmann. 1951 — DM 1.65

Heft 3 **E. Diepschlag:** Die Anwendbarkeit der Regelungstechnik in der Hüttenindustrie. 1952 — DM 3.90

Heft 4 **A. Fromme:** Die Bedeutung der Entwicklungsgeschichte, besonders des Mesenchyms für die Klinik. 1952 — DM 1.75

Heft 5 **Robert Böker:** Die Entstehung der Sternsphäre Arats — (in Vorbereitung)

Band 100

Heft 1 **H. Brandt:** Über Stammfaktoren bei ternären quadratischen Formen. 1952 — DM 2.25

Heft 2 **P. Günther:** Zur Gültigkeit des Huygens'schen Prinzips bei partiellen Differentialgleichungen vom normalen hyperbolischen Typus. 1952 — DM 5.—

Heft 3 **Alfred Müller:** Die Schaubarkeit in der Axonometrie. 1952 — DM 3.—

Heft 4 **E. Heidebroek:** Die Beziehungen zwischen Härte, Schmierung und Verschleißfestigkeit. 1952 — DM 3.40

Heft 5 **R. Schröder:** Frauenheilkunde in Forschung und Praxis. 1952 — DM 1.35

Heft 6 **R. Reißig:** Die pandiagonalen Quadrate vierter Ordnung — (vorliegendes Heft)

Bestellungen an eine Buchhandlung oder den Verlag erbeten

AKADEMIE-VERLAG · BERLIN NW 7

Vom Forschungsinstitut für Mathematik der Deutschen Akademie der Wissenschaften zu Berlin wird eine neue mathematische Buchreihe

MATHEMATISCHE LEHRBÜCHER UND MONOGRAPHIEN

herausgegeben. Die Reihe wird Einzeldarstellungen namhafter Autoren aus allen Teilgebieten der Mathematik mit ihren Anwendungen bringen.

Die Buchreihe gliedert sich in zwei Abteilungen:

I. Abteilung / MATHEMATISCHE LEHRBÜCHER
II. Abteilung / MATHEMATISCHE MONOGRAPHIEN

Der zweiten Abteilung sollen Forschungs- und Ergebnisberichte vorbehalten sein. Insbesondere werden in beiden Abteilungen erstmalig deutsche Übersetzungen hervorragender mathematischer Werke der Sowjetunion erscheinen.

In der ersten Abteilung ist bereits erschienen:

F. A. WILLERS
MATHEMATISCHE MASCHINEN UND INSTRUMENTE
XII und 324 Seiten · 1951 · Ganzleinen DM 34.—

Als zweiter Band erscheint eine deutsche Übersetzung von

A. KUROSCH
GRUPPENTHEORIE

Auch der erste Band der zweiten Abteilung

H. HASSE
ÜBER DIE KLASSENZAHL ABELSCHER ZAHLKÖRPER
XII und 190 Seiten, davon 49 Tabellenseiten · 5 Abbildungen
Ganzleinen DM 27.—

ist jetzt lieferbar.

Ihm folgt, von H. Brandt herausgegeben, eine Neubearbeitung von

JACOBI
CANON ARITHMETICUS

Bestellungen an eine Buchhandlung erbeten

AKADEMIE-VERLAG · BERLIN NW 7

FSC
www.fsc.org
MIX
Papier | Fördert gute Waldnutzung
FSC® C083411

Zeitfracht Medien GmbH
Ferdinand-Jühlke-Straße 7
99095 Erfurt, Deutschland
produktsicherheit@kolibri360.de